11G101 新平法图集解析及案例分析 ——钢筋翻样与算量

（基础、承台、其他构件）

陈怀亮　徐　琳　主编

中国建筑工业出版社

图书在版编目（CIP）数据

11G101新平法图集解析及案例分析——钢筋翻样与算量（基础、承台、其他构件）/陈怀亮，徐琳主编. —北京：中国建筑工业出版社，2015.9
ISBN 978-7-112-18320-3

Ⅰ.①1… Ⅱ.①陈… ②徐… Ⅲ.①建筑工程-配筋工程-工程施工②钢筋混凝土结构-结构计算 Ⅳ.①TU755.3②TU375.01

中国版本图书馆CIP数据核字（2015）第176614号

本书以11G101—1系列图集、12G901系列图集为基础，全面讲述了独立基础、条形基础、筏板基础、后浇带、柱墩、集水坑、柱帽等构件的钢筋工程计算。书中还列举了大量相关实例，便于读者深刻理解书中所讲述的相关内容。

本书可作为高等职业院校教学参考用书。

责任编辑：张伯熙　万　李　杨　杰
责任设计：张　虹
责任校对：张　颖　姜小莲

11G101新平法图集解析及案例分析——钢筋翻样与算量（基础、承台、其他构件）

陈怀亮　徐　琳　主编

*

中国建筑工业出版社出版、发行（北京西郊百万庄）
各地新华书店、建筑书店经销
霸州市顺浩图文科技发展有限公司制版
北京圣夫亚美印刷有限公司印刷

*

开本：787×1092毫米　1/16　印张：13　字数：315千字
2016年3月第一版　2016年3月第一次印刷
定价：**35.00**元
ISBN 978-7-112-18320-3
（27407）

前　言

　　本书系统介绍了新旧平法图集的区别，以 11G101-1 系列、12G901 系列图集为基础，以实际工程案例讲述了独立基础、条形基础、筏板基础、后浇带、柱墩、集水坑、柱帽等构件的钢筋工程的计算方法。通过工程实例，讲解了广联达钢筋算量 GGJ2013 的具体应用，深入理解钢筋工程量的计算思路和方法。

　　本书适用于高等职业院校、高等专科学校建筑工程技术、工程造价、工程管理等专业的学生使用，也可作为岗位培训教材或供土建工程技术人员学习参考。

　　本书在编写过程中，参考了有关书籍、标准、规范、图片及其他资料等文献，在此谨向这些文献的作者表示深深的感谢，同时也得到了出版社和编者所在单位领导及同事的指导和帮助，在此一并表示谢意。

　　由于新图集和新规范刚出版不久以及作者水平有限，对新规范和新图集的学习和掌握还不够深入，书中难免有不妥或疏漏之处，恳请使用教材的教师和广大读者批评指正。

目　　录

第1章　11G101 新平法背景介绍

1.1　11G101 新平法图集产生的背景

随着我国固定资产投资额的不断增长，我国在基础设施、房地产投资与建设方面已经成为名副其实的大国，我国经济规模日趋壮大，但也由此带来了不少问题。比如大量能源与资源的消耗、工程从设计到施工到验收等环节中各种不符合规范的现象接连发生，导致了环境恶化、能源浪费、安全事故频发。因此，为了在混凝土设计中贯彻执行国家的技术经济政策，在安全、适用、经济的同时保证质量，国家重新修订《混凝土结构设计规范》于 2011 年 7 月 1 日正式颁布执行《混凝土结构设计规范》GB 50010—2010。同时 2010 年 12 月 1 日起实施《建筑抗震设计规范》GB 50011—2010，2011 年 10 月 1 日起实施《高层混凝土结构技术规程》JGJ 3—2010。

由于新规范中补充了结构方案、抗震设计，修改了保护层等有关规定，故 11G 系列平法图集根据新规范进行了大量调整，从而取代了 03G 系列平法图集。使得从建筑设计到预算、招标投标、施工等环节更好地做到了有规范可依，更好地和国际接轨，保证我国大规模的投资能够真正改善民生，对于 GDP 的发展起到了强有力的推动作用。

新的平法标准图集的编制，与新规范的编制和发布有关，因为一切标准设计都是执行当前有关规范的。

新规范的编制，贯彻落实了"四节一环保"、节能减排与可持续发展的基本国策。新规范的修订，贯彻了"补充、完善、提高、不作大的改动"的原则，补充了既有结构改造设计与结构防连续倒塌的原则等内容，将规范从以构件设计为主适当扩展到整体结构的设计要求。

新规范完善了耐久性的设计内容（适当提高结构设计的耐久性），适应可持续发展的要求。目前，结构耐久性设计只能采用经验方法解决。根据调研及我国国情，新规范规定了混凝土使用环境类别的 7 条基本内容。设计者可根据实际条件选择。

1.2　新平法图集基本概况

1.2.1　新旧平法图集编制依据

1. 11G101

鉴于工程专家对汶川、玉树大地震倒塌建筑物的研究成果，以及我国近期钢材质量的提高和国力提高的情况，国家近期颁发了三大规范，并已陆续实施：

（1）《混凝土结构设计规范》GB 50010—2010（2011 年 7 月 1 日实施）；

（2）《建筑抗震设计规范》GB 50011—2010（2010 年 12 月 1 日实施）；

（3）《高层混凝土结构技术规程》JGJ 3—2010（2011 年 10 月 1 日实施）。

对应颁发实施上述三大规范的情况，住房城乡建设部明确在 2011 年 9 月 1 日起废止 03G 系列平法图集（6 本），由 11G 系列平法图集（3 本）所替代。

替代情况：

（1）11G101—1《混凝土结构施工图平面整体表示方法制图规则和构造详图（现浇混凝土框架、剪力墙、梁、板）》替代原 03G101—1 和 04G101—4 两本。

（2）11G101—2《现浇混凝土板式楼梯》替代原 03G101—2。

（3）11G101—3《独立基础、条形基础、筏形基础及桩基承台》替代原 04G101—3、08G101—5、06G101—6 三本。

（4）03G101 由以下几本替代：

《混凝土结构设计规范》GB 50010—2002；

《建筑抗震设计规范》GB 50011—2001；

《高层建筑混凝土结构技术规程》JGJ 3—2002、J 186—2002；

《建筑结构制图标准》GB/T 50105—2001。

1.2.2 新旧平法图集发布时间

1. 11G101

住房城乡建设部建质〔2011〕110 号通知，2011 年 9 月 1 日正式实施。

2. 03G101

中华人民共和国建设部建质〔2003〕17 号通知，2003 年 2 月 15 日正式实施。

1.2.3 新旧平法图集适用范围

1. 11G101—1

适用于非抗震和抗震设防烈度为 6～9 度地区的现浇混凝土框架、剪力墙、框架—剪力墙和部分框支剪力墙等主体结构施工图的设计，以及各类结构中的现浇混凝土板（包括有梁楼盖和无梁楼盖），地下室结构部分现浇混凝土墙体、柱、梁、板结构施工图的设计。

包括基础顶面以上的现浇混凝土柱、剪力墙、梁、板（包括有梁楼盖和无梁楼盖）等构件的平法制图规则和标准构造详图两大部分。

2. 03G101—1

适用于非抗震和抗震设防烈度为 6、7、8、9 度地区抗震等级为特一级和一、二、三、四级的现浇混凝土框架、剪力墙、框架—剪力墙和框支剪力墙主体结构施工图的设计。

包括常见的现浇混凝土柱、墙、梁三种构件的平法制图规则和标准构造详图两大部分。

第2章 新规范、新平法变化解析

2.1 材料变化

钢筋和混凝土都是大量消耗资源和能源的材料，持续的大规模基建已难以为继；根据《混凝土结构设计规范》GB 50010—2010 坚持"四节—环保"的可持续发展国策，混凝土结构必须走高效节材的道路。

2.1.1 混凝土强度等级逐步提升

混凝土强度等级逐步提升，混凝土强度等级逐步提高至 C60，经济性（强度价格比）随强度递增，低强度混凝土逐步被淘汰。

《混凝土结构设计规范》GB 50010—2010 对混凝土的要求有明确的条文：

4.1.1 混凝土强度等级应按立方体抗压强度标准值确定。立方体抗压强度标准值系指按标准方法制作、养护的边长为 150mm 的立方体试件，在 28d 或设计规定龄期以标准试验方法测得的具有 95% 保证率的抗压强度值。

4.1.2 素混凝土结构的混凝土强度等级不应低于 C15；钢筋混凝土结构的混凝土强度等级不应低于 C20；采用强度等级 400MPa 及以上的钢筋时，混凝土强度等级不应低于 C25。

预应力混凝土结构的混凝土强度等级不宜低于 C40，且不应低于 C30。

承受重复荷载的钢筋混凝土构件，混凝土强度等级不应低于 C30。

解读：这里提高了部分情况下的最低混凝土强度等级，以适应钢筋强度等级的提高，并可提高结构安全性。

2.1.2 钢筋类型变化

钢筋向高强、高性能趋势发展，应用高强、高性能钢筋，根据受力性能选择适当的牌号钢筋，选择月牙肋钢筋及光圆钢筋作为普通受力钢筋，选择螺旋肋钢丝、光圆钢丝、钢绞线以及螺纹钢筋作为承载预应力的受力钢筋。混凝土结构中的钢筋应按下列规定选用：

（1）纵向受力普通钢筋宜采用 HRB400、HRB500、HRBF400、HRBF500 钢筋，也可使用 HPB300、HRB335、HRBF335、RRB400 钢筋。

（2）梁、柱纵向受力普通钢筋应采用 HRB400、HRB500、HRBF400、HRBF500 钢筋。

（3）箍筋宜采用 HRB400、HRBF400、HPB300、HRB500、HRBF500 钢筋，也可采用 HRB335、HRBF335 钢筋。

（4）预应力筋宜采用预应力钢丝、钢绞线和预应力螺纹钢筋。

解读：这一变化将对今后结构设计、建筑工程量计算、工程施工等产生很大影响。主要体现在以下方面：

（1）钢筋级别梯次变化，对建筑材料生产产生影响；

（2）将对各地标准定额的使用产生影响；

（3）钢筋级别的表示符号变化，将给所有以设计图纸为媒介的工程师带来影响，需要重新记忆、学习和识别；

（4）钢筋级别的变化，将对钢筋的锚固长度的计算产生影响。

从表2-1中可知：新增热轧光圆钢筋 Q335，替代原有的 Q235 热轧光圆钢筋；新增了屈服强度为 500MPa 的钢筋类型。在实际工程中需要按照新的钢筋类型分别统计对应的钢筋总量。

11G101 与 03G101 钢筋类型对比　　　　　　　　　　　　　表 2-1

11G101	03G101
钢筋种类	钢筋种类
HPB300、HRB335、HRBF335	HPB235　普通钢筋
HRB400、HRBF400、RRB400	HRB335　普通钢筋、环氧树脂涂层钢筋
HRB500、HRBF500	HRB400、RRB400 普通钢筋、环氧树脂涂层钢筋

新规范的修订根据"四节一环保"的要求，提倡应用高强、高性能的钢筋。根据混凝土构件对受力的性能要求，规定了各种牌号钢筋的选用原则。

增加强度为 500MPa 级的热轧钢筋；推广 400MPa、500MPa 级高强热轧带肋钢筋作为纵向受力的主导钢筋；限制并准备逐步淘汰 335MPa 级热轧带肋钢筋的应用；用 335MPa 级光圆钢筋取代 235MPa 级光圆钢筋。在规范的过渡期及对既有结构进行设计时，235MPa 级光圆钢筋的设计值仍按原规范取值。

推广具有较好的延性、可焊性、机械连接性能及施工适应性的 HRB 系列普通热轧带肋钢筋。列入采用控温轧制工艺生产的 HRBF 系列细晶粒带肋钢筋。

RRB 系列余热处理钢筋由轧制钢筋经高温淬水，余热处理后提高强度，其延性、可焊性、机械连接性能及施工适应性降低，一般可用于对变形性能及加工性能要求不高的构件中，如基础、大体积混凝土、楼板、墙体以及次要的中小结构构件等。

箍筋用于抗剪、抗扭及抗冲切设计时，其抗拉强度设计值受到限制，不宜采用强度高于 400MPa 级的钢筋。当用于约束混凝土的间接配筋（如连续螺旋配箍或封闭焊接箍）时，其高强度可以得到充分发挥，采用 500MPa 级钢筋具有一定的经济效益。

由上可见，新规范淘汰了 235MPa 级低强钢筋（即俗话说的"一级钢筋"），增加 500MPa 级高强钢筋，并明确将 400MPa 级钢筋作为主力钢筋，提倡应用 500MPa 级钢筋，逐步淘汰 335 级钢筋（即俗话说的"二级钢筋"）。这不但影响了建筑设计和施工，而且将带来我国钢铁产业生产结构的调整。

2.2　基本构造变化

2.2.1　保护层厚度

1. 定义

03G101 中保护层是指"受力钢筋外皮（主筋外皮）至混凝土表面的距离"；11G101

中保护层是指"最外层钢筋的外皮（箍筋外皮）至混凝土表面的距离，不再是主筋外缘起算"。保护层厚度是以混凝土强度等级大于 C25 为基准编制的，当强度等级不大于 C25 时，厚度增加 5mm（表 2-2）。

2. 区别

03G101 规范：梁和柱保护层是分开的，不同的，并且在相同混凝土级配下柱保护层大于梁，梁纵筋还要放在柱纵筋的里边，现在将梁柱归在一起，将墙和板归在一起，更便于记忆，更符合构件性质的实质。

11G101 中保证层厚度（mm）　　　　　　　　　　　　　　　　表 2-2

环境类别	板、墙	梁、柱
一	15	20
二 a	20	25
二 b	25	35
三 a	30	40
三 b	40	50

03G101 中保护层厚度（mm）　　　　　　　　　　　　　　　　表 2-3

环境类别		墙			梁			柱		
		≤C20	C20~C45	≥C50	≤C20	C20~C45	≥C50	≤C20	C20~C45	≥C50
一		20	15	15	30	25	25	30	30	30
二	A	—	20	20	—	30	30	—	30	30
	b	—	25	20	—	35	30	—	35	30
三		30	25		40	35		40	35	

3. 变化原因

根据我国对混凝土结构耐久性的分析，并参考《混凝土结构耐久性设计规范》从混凝土的碳化、脱钝和钢筋锈蚀的耐久性角度考虑，不再以纵向受力筋的外缘，而以最外层钢筋（包括箍筋、构造筋、分布筋）的外缘计算混凝土保护层厚度。

4. 对钢筋量的影响

规范中规定的各构件保护层厚度比原规范的实际厚度有所加大；对于柱、梁的箍筋大小计算影响很大。

图 2-1 所示为 1 号、2 号箍筋长度计算示意图，1 号箍筋 B 边长度、2 号箍筋总长度按 11G101 与 03G101 计算如下。

1）2 号箍筋 B 边长度

新算法：=（B−2×保护层厚度−2×箍筋直径−角筋直径）/3+纵筋直径+2×箍筋直径

旧算法：=（B−2×保护层厚度−角筋直径）/3+纵筋直径

2）1 号箍筋总长

新算法：=（B−2×保护层厚度）×2+（H−2×保护层厚度）×2+2×1.9d+2×max（10×d，75）

旧算法：=（B−2×保护层厚度+2×箍筋直径）×2+（H−2×保护层厚度+2×箍筋

直径)$\times 2+2\times 1.9d+2\times \max(10\times d, 75)$

1号箍筋新算法与旧算法相差 8 箍筋直径。

5. 在钢筋翻样中如何进行保护层厚度的计算

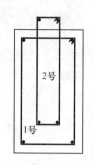

图 2-1　1 号、2 号箍筋长度计算示意图

在具体工程的施工和预算中，除了要关注上述表 2-2 中的混凝土保护层最小厚度的数值以外，还必须注意，新的规定是以最外层钢筋（包括箍筋、构造钢筋、分布筋等）的外缘计算混凝土保护层厚度的。

这对于混凝土板来说没有问题。例如，对于现浇楼板下部钢筋而言，受力钢筋都是布置在最下面的，而分布筋则布置在受力钢筋的上面；对于现浇楼板上部钢筋，受力钢筋都是布置在最上面的，而分布筋则布置在受力钢筋的下面。这样，新规范"以最外层钢筋的外缘计算混凝土保护层厚度"的规定与旧规范"以纵向受力钢筋的外缘计算混凝土保护层厚度"的规定没有矛盾。

对于剪力墙来说也没有问题。剪力墙身的水平分布筋就是布置在墙身的最外层的，所以新规范"以最外层钢筋的外缘计算混凝土保护层厚度"的规定与旧规范"以纵向受力钢筋的外缘计算混凝土保护层厚度"的规定也没有矛盾。

不过，对于墙、板来说，在按"混凝土保护层的最小厚度 c"来计算剪力墙水平分布筋和楼板上下纵筋保护层的时候，不要忘记验算这个保护层厚度是否不小于剪力墙水平分布筋和楼板上下纵筋的公称直径。

但是，对于现浇混凝土梁、柱构件就有很大差别了。旧规范是以梁、柱的纵向受力钢筋外缘来计算混凝土保护层厚度的，而新规范是以梁、柱的箍筋外缘来计算混凝土保护层厚度的。在具体工程的施工和预算中，一定要注意这一点。这必将影响现在对于梁、柱箍筋尺寸的计算。

有的人可能会这样认为：现在计算箍筋尺寸比以前简单多了，只要把梁、柱的混凝土外围尺寸减去保护层厚度，不就得到箍筋的外围尺寸了。事情果真如此简单吗？我们不要忘记了，新规范和新图集还有下面的规定，那就是：

"构件受力钢筋的保护层厚度不应小于钢筋的公称直径 d"。

所以，在执行按"结构最外层钢筋计算钢筋的混凝土保护层厚度"的同时，仍要注意检验各种构件受力钢筋的保护层是否满足大于等于钢筋直径 d 的要求。

历史的经验值得借鉴。在应用 03G101—1 图集来计算箍筋的时候——当时的规范是以纵向受力钢筋外缘来计算混凝土保护层厚度的——我们首先把梁、柱的混凝土外围尺寸减去保护层厚度，得到了箍筋的内皮尺寸；但同时，还要再加上箍筋的直径，得到箍筋的外围尺寸——从而验算梁、柱箍筋的保护层是否满足最小保护层"≥15mm"的要求。

根据这个思路，现在梁、柱箍筋尺寸的计算也需要分两步走：

第一步，查"混凝土保护层的最小厚度"表，得到梁、柱箍筋保护层厚度；

第二步，再加上箍筋的直径，得到梁、柱纵筋保护层厚度——从而可以验算梁、柱受力纵筋的保护层厚度是否满足"≥钢筋公称直径 d"的要求。

从以往的实践可以知道，目前国内关于"箍筋长度计算"的算法真是五花八门、不可胜数。在这本书里不准备"统一"箍筋的计算方法。既然以前是五花八门，以后继续让它

6

百花齐放好了。这里只是在探讨一个问题，如何在新条件下尽量应用原有的箍筋计算方法呢？从前面关于箍筋计算"两步走"的第二步结果来看，我们已经得到"梁、柱纵筋保护层厚度"，这也就是过去箍筋计算的条件，因此，原有的箍筋计算方法就可以继续运用了。

2.2.2　受拉钢筋锚固变化

我国钢筋强度不断提高，结构形式的多样性也使锚固条件有了很大的变化，根据近年来系统试验研究及可靠度分析的结构并参考国外标准，规范给出了以简单计算确定受拉钢筋锚固长度的方法。其中，基本锚固长度 l_{ab} 取决于钢筋强度 f_y 及混凝土抗拉强度 f_t，并与锚固钢筋直径及外形有关。

《混凝土结构设计规范》GB 50010—2010 对锚固长度的计算规定如下：

基本锚固长度应按下列公式计算：

普通钢筋：

$$l_{ab} = a \frac{f_y}{f_t} d \qquad (8.3.1\text{-}1)$$

预应力钢筋：

$$l_{ab} = a \frac{f_{py}}{f_t} d \qquad (8.3.1\text{-}2)$$

式中　l_{ab}——受拉钢筋的基本锚固长度；

f_y、f_{py}——普通钢筋、预应力钢筋的抗拉强度设计值；

f_t——混凝土轴心抗拉强度设计值，当混凝土强度等级高于 C60 时，按 C60 取值；

d——锚固钢筋的直径；

a——锚固钢筋的外形系数，按表 2-4 取用。

锚固钢筋的外形系数　　　　　　　　　　　　　　　　　　　表 2-4

钢筋类型	光圆钢筋	带肋钢筋	螺旋肋钢丝	三股钢绞线	七股钢绞线
α	0.16	0.14	0.13	0.16	0.17

注：光圆钢筋末端应做 180°弯钩，弯后平直段长度不应小于 3d，但作受压钢筋时可不做弯钢。

设计锚固长度为基本锚固长度乘以锚固长度修正系数 ζ_a 的数值，以反映锚固条件的影响：

$$l_a = \zeta_a \times l_{ab}$$

其中，锚固长度修正系数 ζ_a 按表 2-5 考虑：

受拉钢筋锚固长度修正系数 ζ_a　　　　　　　　　　　　　表 2-5

锚固条件		ζ_a	
带肋钢筋的公称直径大于 25mm		1.10	
环氧树脂涂层带肋钢筋		1.25	
施工过程中易受扰动的钢筋		1.10	
锚固区保护层厚度	3d	0.80	注：中间时按内插值，d 为锚固钢筋直径
	5d	0.70	

在按新规范设计的工程中，钢筋锚固值的计算公式相对简单了，但是要考虑的各种情况复杂了，除了上面提到的各种参数影响外，在任何情况下受拉钢筋的锚固长度不能小于最低限度（最小锚固长度），其数值不应小于 0.6l_{ab} 及 200mm。在工程造价中，钢筋的基本锚固可以直接在 11G101 系列图集中查询，如表 2-6 所示。

受拉钢筋基本锚固长度 l_{ab}、l_{abE}

钢筋种类	抗震等级	混凝土强度等级								
		C20	C25	C30	C35	C40	C45	C50	C55	≥C60
HPB300	一、二级(l_{abE})	45d	39d	35d	32d	29d	28d	26d	25d	24d
	三级(l_{abE})	41d	36d	32d	29d	26d	25d	24d	23d	22d
	四级(l_{abE}) 非抗震(l_{ab})	39d	34d	30d	28d	25d	24d	23d	22d	21d
HRB335 HRBF335	一、二级(l_{abE})	44d	38d	33d	31d	29d	26d	25d	24d	24d
	三级(l_{abE})	40d	35d	31d	28d	26d	24d	23d	22d	22d
	四级(l_{abE}) 非抗震(l_{ab})	38d	33d	29d	27d	25d	23d	22d	21d	21d
HRB400 HRBF400 RRB400	一、二级(l_{abE})	—	46d	40d	37d	33d	32d	31d	30d	29d
	三级(l_{abE})	—	42d	37d	34d	30d	29d	28d	27d	26d
	四级(l_{abE}) 非抗震(l_{ab})	—	40d	35d	32d	29d	28d	27d	26d	25d
HRB500 HRBF500	一、二级(l_{abE})	—	55d	49d	45d	41d	39d	37d	36d	35d
	三级(l_{abE})	—	50d	45d	41d	38d	36d	34d	33d	32d
	四级(l_{abE}) 非抗震(l_{ab})	—	48d	43d	39d	36d	34d	32d	31d	30d

受拉钢筋锚固长度 l_a、抗震锚固长度 l_{aE}

非抗震	抗震	
$l_a = l_a \cdot l_{ab}$	$l_{aE} = l_{aE} \cdot l_a$	1. l_a 不应小于200。 2. 锚固长度修正系数 ζ_a 按右表取用,当多于一项时,可按连乘积算,但不应小于0.6。 3. ζ_{aE} 为抗震锚固长度修正系数,对一、二级抗震等级取1.15,对三级抗震等级取1.05,对四级抗震等级取1.00。

注:1. HPB300级钢筋末端应做180°弯钩,弯后平直段长度不应小于3d,但作受压钢筋时可不做弯钩。

2. 当锚固钢筋的保护层厚度不大于5d时,锚固钢筋长度范围内应设置横向构造钢筋,其直径不应小于d/4(d为锚固钢筋的最大直径);对梁、柱等构件间距不应大于5d,对板、墙等构件间距不应大于10d,且均不应大于100(d为锚固钢筋的最小直径)。

受拉钢筋锚固长度修正系数 ζ_a

锚固条件		ζ_a	
带肋钢筋的公称直径大于25		1.10	
环氧树脂涂层带肋钢筋		1.25	
施工过程中易受扰动的钢筋		1.10	
锚固区保护层厚度	3d	0.80	注:中间时按内插值。d为锚固钢筋直径。
	5d	0.70	

受拉钢筋基本锚固长度 l_{ab}、l_{abE} 受拉钢筋锚固长度 l_a、抗震锚固长度 l_{aE} 受拉钢筋锚固长度修正系数 ζ_a			图集号	11G101—1
审核 郁银泉	校对 刘敏	设计 高志强	页	53

相关分析：

（1）设计规范 8.3 条中规定在任何情况下受拉钢筋的锚固长度不能小于最低限度（最小锚固长度），其数值不应小于 $0.6l_{ab}$ 及 200mm。

（2）为反映粗直径带肋钢筋相对肋高减小对锚固作用降低的影响，直径大于 25mm 的粗直径带肋钢筋的锚固长度应适当加大，乘以修正系数 1.1。

（3）为反映环氧树脂钢筋涂层钢筋表面光滑对锚固的不利影响，其锚固长度应取系数 1.25，这是通过实验以及国外一些标准确定的。

（4）抗震锚固长度＝非抗震锚固长度×抗震系数（一、二级抗震等级为 1.15，三级抗震为 1.05，四级抗震为 1.0）。

新规范中同时出现了锚固和基本锚固两个概念，对于不同的受力位置所采用的锚固类型不同，增加了计算难度，同时旧规范已经不能满足要求。

受拉钢筋基本锚固长度 l_{ab}、l_{abE}——与原来相比多一个 "b"："基本"。

从表 2-6 中可以看出，每一种钢筋的三行数据都有一定关系，如：

45/39、39/34、44/38、38/33……都约等于 1.15。

41/39、36/34、40/38、35/33……都约等于 1.05。

也就是说，l_{abE} 和 l_{ab} 满足下面的关系：

$$l_{abE} = \zeta_{aE} l_{ab}$$

ζ_{aE} 为抗震锚固长度修正系数，对一、二级抗震等级取 1.15，对三级抗震等级取 1.05，对四级抗震等级取 1.00。

表 2-6 左下角表："受拉钢筋锚固长度 l_a、抗震锚固长度 l_{aE}"

非抗震：$l_a = \zeta_a l_{ab}$，抗震：$l_{aE} = \zeta_{aE} l_a$

注：

（1）l_a 不应小于 200mm。

（2）锚固长度修正系数 ζ_a 按表 2-6 右下角表取用，当多于一项时，可按连乘计算，但不应小于 0.6。

（3）ζ_{aE} 为抗震锚固长度修正系数，对一、二级抗震等级取 1.15，对三级抗震等级取 1.05，对四级抗震等级取 1.00。

关于 ζ_a 的取值见表 2-5。

表 2-5 给出的基本锚固长度 l_{ab} 或 l_{abE} 一般用于弯锚的直段长度，而直锚长度使用 l_a 或 l_{aE}。从 "表 2-6 左下角表" 可以知道，$l_a = \zeta_a l_{ab}$，然而，从本页面上仍然不能马上得知 l_{aE} 等于什么？

如何把表 2-5 与表 2-6 建立联系呢？从上面的分析可以知道：

$$l_{aE} = \zeta_{aE} \times l_a$$

$$l_a = \zeta_a \times l_{ab}$$

则

$$l_{aE} = \zeta_{aE} l_a = \zeta_{aE}(\zeta_a l_{ab}) = \zeta_a \zeta_{aE} l_{ab}$$

而

$$l_{abE} = \zeta_{aE} l_{ab}$$

所以

$$l_{aE} = \zeta_a l_{abE}$$

这就是说，l_{aE} 等于基本锚固长度 l_{abE} 乘以受拉钢筋锚固长度修正系数 ζ_a。在实际工程中，如果在具体施工图设计中没有发生受拉钢筋锚固长度修正系数 ζ_a，则可以认为受拉钢筋锚固长度修正系数 ζ_a 等于1，此时"$l_{aE}=l_{abE}$"。

2.3 结构构件的基本规定变化

2.3.1 梁柱节点

1. 新规范的新提法

2010 年的规范提出了"基本锚固长度"l_{ab}，并且在梁柱节点上阐明了基本锚固长度的用法：

1）梁上部纵筋在端支座的锚固：钢筋末端 90°弯折锚固：

弯锚水平段长度"$\geqslant 0.4 l_{ab}$"，弯折段长度"$15d$"。

2）顶层节点中柱纵向钢筋的锚固：柱纵向钢筋 90°弯折锚固：

弯锚垂直段长度"$\geqslant 0.5 l_{ab}$"，弯折段长度"$\geqslant 12d$"。

以上两条可归纳为："弯锚的平直段长度都采用 l_{ab}（l_{abE}）来衡量"——即前面可以乘以一个系数（0.4、0.5 或 0.6 以及其他系数）——对比旧规范和旧图集，是以"l_{ab}（l_{abE}）"来衡量的（例如 $0.4 l_{aE}$、$0.5 l_{aE}$ 等）。

3）顶层端节点梁、柱纵向钢筋在节点内的锚固与搭接：

（1）搭接接头沿顶层端节点外侧及梁端顶部布置：

柱外侧纵筋弯锚长度"$\geqslant 1.5 l_{ab}$"。

（2）搭接接头沿节点外侧直线布置：

梁上部纵筋在端部弯折段与柱纵筋搭接长度"$\geqslant 1.7 l_{ab}$"。

新规范在 11G101 图集中体现为下述内容。

2. l_{abE} 用于梁抗震弯锚时的直段长度

"l_{abE}"的应用：用于（梁）抗震弯锚时的直段长度。例如：

11G101—1 图集第 79 页，抗震楼层框架梁 KL 纵向钢筋构造

端支座水平锚固段引注：

上部纵筋："伸至柱外侧纵筋内侧，且 $\geqslant 0.4 l_{abE}$"，弯折段长度"$15d$"。

下部纵筋："伸至梁下部纵筋弯钩段内侧或柱外侧纵筋内侧，且 $\geqslant 0.4 l_{abE}$"，弯折段长度"$15d$"。

3. l_{abE} 用于柱抗震弯锚时的直段长度

"l_{abE}"的应用：用于柱抗震弯锚时的直段长度。例如：

11G101—1 图集第 60 页，抗震 KZ 中柱柱顶纵向钢筋构造

A、B 节点：柱纵筋弯锚垂直段长度"伸至柱顶，且 $\geqslant 0.5 l_{abE}$"，弯折段长度"$12d$"。

4. l_{aE} 与 l_{abE} 的不同应用

"l_{aE}"与"l_{abE}"的不同应用：

"l_{aE}"的应用：用于（柱）抗震直锚时的锚固长度。

"l_{abE}"的应用：用于（柱）抗震弯锚时的直段长度。

例如：

（11G101—1 图集第 60 页）抗震 KZ 柱变截面位置纵向钢筋构造

单侧或双侧变截面（$\Delta/h_b>1/6$）构造做法：

下筋直锚段$\geq 0.5l_{abE}$，弯折段长度"$12d$"；上筋直锚长度$=1.2l_{aE}$。

5. 顶层端节点梁、柱纵向钢筋在节点内的锚固与搭接

注意，在顶层端节点梁、柱纵向钢筋在节点内的锚固与搭接构造中，全部采用 l_{abE} 而不是 l_{aE}，这就是：

11G101—1 图集第 59 页，抗震 KZ 边柱和角柱柱顶纵向钢筋构造

（在本页中综合了"柱插梁"和"梁插柱"两种情况）

新图集设定了 5 种节点，其中节点 A 是新增的做法。由于"柱内侧纵筋同中柱柱顶纵向钢筋构造（见本图集第 60 页）"，所以下面只讨论柱外侧纵筋。

节点 A，柱筋作为梁上部钢筋使用：

柱外侧纵向钢筋直径不小于梁上部纵筋时，可弯入梁内作梁上部纵向钢筋。

节点 B，从梁底算起，$1.5l_{abE}$超过柱内侧边缘：

其构造基本同旧图集，包括"柱外侧纵向钢筋配筋率>1.2%"的情况：柱外侧纵筋分两批截断（部分纵筋多伸">$20d$"）。

节点 C，从梁底算起，$1.5l_{abE}$未超过柱内侧边缘：（新规范给出这个构造）

要求柱纵筋弯折长度"$\geq 15d$"；

（注：没有"伸过柱内侧 500mm"的规定）

其构造包括柱外侧纵向钢筋配筋率>1.2%时分两批截断（部分纵筋多伸"$\geq 20d$"）；

梁上部纵筋下弯到梁底，且"$\geq 15d$"。

节点 D，用于 B 或 C 节点未伸入梁内的柱内侧钢筋锚固：

柱顶第一层钢筋伸至柱内边向下弯折 $8d$；

柱顶第二层钢筋伸至柱内边；

当现浇板厚度不小于 100mm 时，也可按 B 节点方式伸入板内锚固，且伸入板内长度不宜小于 15d。

节点 E，梁、柱纵向钢筋搭接接头沿节点外侧直线布置：

梁、柱纵向钢筋搭接长度"$\geq 1.7l_{abE}$"；

（注：柱纵筋端部没有弯 12d 直钩）

包括梁上部纵向钢筋配筋率>1.2%时，应分两批截断（部分纵筋多伸"$\geq 20d$"），当梁上部纵向钢筋为两排时，先截断第二排钢筋。这就是说，"多伸$\geq 20d$"的是梁上部第一排纵筋。

必须注意到：节点 A、B、C、D 应配合使用。节点 D 不能单独使用。这就是说，上述 5 种节点有下列各种可能的组合："B+D"、"C+D"、"A+B+D"、"A+C+D"、"E"、"A+E"。

2.3.2　l_{abE}（l_{ab}）的应用

1. 在 11G101—2 上的应用

l_{abE}（l_{ab}）在 11G101—2 中也有同样的应用。例如：

11G101—2 图集第 20 页，AT 型楼梯板配筋构造：……

下端上部纵筋锚固平直段："≥$0.35l_{ab}$（≥$0.6l_{ab}$）"

弯折段："15d"

上端上部纵筋锚固平直段："≥$0.35l_{ab}$（≥$0.6l_{ab}$）"

弯折段："15d"

再举一个例子：

11G101—2图集第46页，各型楼梯第一跑与基础连接构造……

"各型楼梯第一跑与基础连接构造（一）"：（"各种类型的基础"）

踏步段下部纵筋锚入基础"≥$5d$，≥$b/2$"；

踏步段上部纵筋弯锚平直段"≥$0.35l_{ab}$（≥$0.6l_{ab}$）"；

弯折段"15d"。

2. l_{abE}（l_{ab}）在11G101—3上的应用

l_{abE}（l_{ab}）在11G101—3中也有同样的应用。例如：

11G101—3图集第58页，墙插筋在基础中的锚固

"墙插筋在基础中锚固构造（一）"（墙插筋保护层厚度>$5d$）：

（例如，墙插筋在板中）

墙两侧插筋构造见"1—1"剖面（第二种情况）：

"1—1"（h_j≤l_{aE}（l_a））：墙插筋插至基础板底部支在底板钢筋网上，且锚固垂直段"≥$0.6l_{abE}$（≥$0.6l_{ab}$）"，弯折15d；而且，墙插筋在基础内设置"间距≤500mm，且不少于两道水平分布筋与拉筋"。

11G101—3图集第59页，柱插筋在基础中的锚固

"柱插筋在基础中锚固构造（二）"（插筋保护层厚度>$5d$，h_j≤l_{aE}（l_a））：

柱插筋"插至基础板底部支在底板钢筋网上"，且锚固垂直段"≥$0.6l_{abE}$（≥$0.6l_{ab}$）"，弯折"15d"；而且，墙插筋在基础内设置"间距≤500mm，且不少于两道矩形封闭箍筋（非复合箍）"。

2.3.3 看施工图必须注意的说明内容

在11G101—1图集第6页上详细地列出了以下必须写明的说明内容：

1.0.9 为了确保施工人员准确无误地按平法施工图进行施工，在具体工程施工图中必须写明以下与平法施工图密切相关的内容：

1. 注明所选用平法标准图的图集号（如本图集号为11G101—1），以免图集升版后在施工中用错版本。

2. 写明混凝土结构的设计使用年限。

3. 当抗震设计时，应写明抗震设防烈度及抗震等级，以明确选用相应抗震等级的标准构造详图；当非抗震设计时，也应注明，以明确选用非抗震的标准构造详图。

4. 写明各类构件在不同部位所选用的混凝土的强度等级和钢筋级别，以确定相应纵向受拉钢筋的最小锚固长度及最小搭接长度等。

当采用机械锚固形式时，设计者应指定机械锚固的具体形式、必要的构件尺寸以及质量要求。

5. 当标准构造详图有多种可选择的构造做法时，写明在何部位选用何种构造做法。

当未写明时，则为设计人员自动授权施工人员可以任选一种构造做法进行施工。例如：框架顶层端节点配筋构造（本图集第59、64页）、复合箍中拉筋弯钩做法（本图集第56页）、无支撑板端部封边构造（本图集第95页）等。

某些节点要求设计者必须写明在何部位选用何种构造做法，例如：非框架梁（板）的上部纵向钢筋在端支座的锚固（需注明"设计按铰接"或"充分利用钢筋的抗拉强度时"）、地下室外墙与顶板的连接（本图集第77页）、剪力墙上柱 qz 纵筋构造方式（本图集第62、66页）等、剪力墙水平钢筋是否计入约束边缘构件体积配箍率计算（本图集第72页）等。

6. 写明柱（包括墙柱）纵筋、墙身分布筋、梁上部贯通筋等在具体工程中需接长时所采用的连接形式及有关要求。必要时，尚应注明对接头的性能要求。

轴心受拉及小偏心受拉构件的纵向受力钢筋不得采用绑扎搭接，设计者应在平法施工图中注明其平面位置及层数。

7. 写明结构不同部位所处的环境类别。

8. 注明上部结构的嵌固部位位置。

9. 设置后浇带时，注明后浇带的位置、浇筑时间和后浇混凝土的强度等级以及其他特殊要求。

10. 当柱、墙或梁与填充墙需要拉结时，其构造详图应由设计者根据墙体材料和规范要求选用相关国家建筑标准设计图集或自行绘制。

11. 当具体工程需要对本图集的标准构造详图作局部变更时，应注明变更的具体内容。

12. 当具体工程中有特殊要求时，应在施工图中另加说明。

（注：上面黑体字为 11G101—1 图集的新增内容）

2.3.4 一般构造

11G101—1 图集第 56 页，封闭箍筋及拉筋弯钩构造（改动较大）

"封闭箍筋及拉筋弯钩构造"：

（封闭箍筋构造）：

"焊接封闭箍筋"（工厂加工）：（首次在 G101 图集介绍）

闪光对焊设置在受力较小位置。

"梁柱封闭箍筋"：（角部两搭接纵筋斜置弯钩内）

弯钩平直段："非抗震：$5d$；抗震：$10d$，75mm 中较大值"。

"梁柱封闭箍筋"：（在弯钩内的角部两搭接纵筋贴在箍筋垂直边上）

弯钩平直段：（同上）。

（拉筋弯钩构造）：

"拉筋紧靠箍筋并钩住纵筋"：（弯钩平直段同上）

"拉筋紧靠纵向钢筋并钩住箍筋"：（弯钩平直段同上）

"拉筋同时钩住纵筋和箍筋"：（弯钩平直段同上）

题注：

非抗震设计时，当构件受扭或柱中全部纵向受力钢筋的配筋率大于 3G，箍筋及拉筋弯钩平直段长度应为 $10d$。

2.3.5 关于柱标注的一些规定

1. 在柱平法施工图中应注明上部结构嵌固部位的位置

11G101—1图集中第8页的第2.3.1条指出：

在柱平法施工图中，应按本规则第1.0.8条的规定注明各结构层的楼面标高、结构层高及相应的结构层号，尚应注明上部结构嵌固部位位置。

[讨论]"上部结构嵌固部位"可能存在三种情况：

(1) 上部结构嵌固部位在基础顶面；（即"基础顶面嵌固部位"）

(2) 上部结构嵌固部位在地下室顶面；（即旧图集08G101—5第53页）

(3) 上部结构嵌固部位在地下室中间层。

根据抗震规范，结构嵌固端必须满足两个条件：①地下室楼层的侧向刚度必须为上部楼层的2倍；②地下室四周土和结构对地下室形成较强的约束。

因而结构嵌固端是位于基础顶面、地下室顶面还是地下室中间层必须由设计人员根据具体工程情况确定，但是无论设置在哪个位置，设计人必须在图纸中给予明确，如果图纸中未明确，施工单位和算量单位应要求其必须明确，因为很多构造都与嵌固端密切相关，施工单位和算量单位仅根据图纸是无法确定结构嵌固部位的。

2. 柱编号的有关规定

11G101—1图集第8页柱编号（表2.2.2）下面的注：

注：编号时，当柱的总高、分段截面尺寸和配筋均对应相同，仅截面与轴线的关系不同时，仍可将其编为同一柱号，但应在图中注明截面与轴线的关系。

3. 柱根部标高的有关规定

11G101—1图集第8页在注写内容中这样规定：

注写各段柱的起止标高，自柱根部往上以变截面位置或截面未变但配筋改变处为界分段注写。框架柱和框支柱的根部标高系指基础顶面标高；芯柱的根部标高系指根据结构实际需要而定的起始位置标高；梁上柱的根部标高系指梁顶面标高；剪力墙上柱的根部标高为墙顶面标高。

注：对剪力墙上柱QZ本图集提供了"柱纵筋锚固在墙顶部"、"柱与墙重叠一层"两种构造做法（见第61、66页），设计人员应注明选用哪种做法。当选用"柱纵筋锚固在墙顶部"做法时，剪力墙平面外方向应设梁。

4. 在注写柱箍筋时，注写核芯区箍筋

11G101—1图集第9页在柱箍筋注写中这样规定：

当为抗震设计时，用斜线（"/"）区分柱端箍筋加密区与柱身非加密区长度范围内箍筋的不同间距。施工人员需根据标准构造详图的规定，在规定的几种长度值中取其最大者作为加密区长度。当框架节点核芯区内箍筋与柱端箍筋设置不同时，应在括号中注明核芯区箍筋直径及间距。

一般柱箍筋的注写：

【例】 $\phi 10@100/250$，表示箍筋为HPB300级钢筋，直径10mm，加密区间距为100mm，非加密区间距为250mm。

包含核芯区箍筋的柱箍筋的注写：

$\phi10@100/250$（$\phi12@100$），表示柱中箍筋为 HPB300 级钢筋，直径 10mm，加密区间距为 100mm，非加密区间距为 250mm。框架节点核芯区箍筋为 HPB300 级钢筋，直径 $\phi12mm$，间距为 100mm。

2.3.6 关于"上部结构嵌固部位"及地下室其他问题

1. 看懂 11G101—1 图集第 57 页

11G101—1 图集第 57 页，抗震 KZ 纵向钢筋连接构造

"左边三图"，对比旧图集 03G101—1 图集第 36 页，原图集柱根标高的标注为"基础顶面嵌固部位"，而新图集为"嵌固部位"。

这不是一个简单的修改，它意味着：

1）"嵌固部位"可能就在基础顶面：此时与旧图集 03G101—1 图集第 36 页看起来一致（但是注意：旧图集 03G101—1 图集第 36 页所描述的基础顶面以上各楼层不包括地下室楼层在内）。

2）"嵌固部位"不在基础顶面，又可分为两种情况：

（1）"嵌固部位"在地下室顶面，此时嵌固部位以上（即地下室顶面以上）就是上部结构各层的楼面，其间的柱纵筋及柱箍筋构造如本图（11G101—1 第 57 页）所示。

（2）"嵌固部位"在地下室中间楼层的顶面，此时的嵌固部位以上各层：包括地下室中间楼层和地下室顶层楼面都如同本图的"楼面"吗？其间的柱纵筋连接构造及柱箍筋构造都如本图所示吗？

以上这些问题能够回答"是"吗？因为按照旧图集 08G101—5 第 54 页所列出的情况，地下室顶面以上的柱纵筋非连接区为"$H_n/3$"，而不是"三选一"，即 max（$\geqslant H_n/6$，$\geqslant h_c$，$\geqslant500$）。

然而，按目前的 11G101—1 图集第 57 页所示，当嵌固部位在地下室中部楼层时，嵌固部位以上楼层都被看做普通楼层，即使是地下室顶面，箍筋加密区也是按"三选一"，即按 max（$\geqslant H_n/6$，$\geqslant h_c$，$\geqslant500$）执行。

这样说来，11G101—1 取消了旧图集 08G101—5 第 54 页的构造。

2. 再看 11G101—1 图集第 58 页

11G101—1 图集第 58 页，地下室抗震 KZ 的纵向钢筋连接构造

对比旧图集 08G101—5 第 53 页"地下室抗震框架柱 KZ 构造（一）"（地下室顶板为上部结构的嵌固部位），猛一看，两图基本相同，但细看不然：

08G101—5 第 53 页指明"地下室顶板为上部结构的嵌固部位"。

而 11G101—1 图集第 58 页只是在图中最上层为"嵌固部位"，而没有说明这一层是否为"地下室顶板"……它完全可能是"地下室中间楼层"。

"左面三图（绑扎搭接、机械连接、焊接连接）"与第 57 页左三图基本相同，不同之处：

底部为"基础顶面"：非连接区为"三选一"，即

max（$\geqslant H_n/6$，$\geqslant h_c$，$\geqslant500$）；

中间为"地下室楼面";（同第 57 页的"楼面"）

图中最上层为"嵌固部位";其上方的非连接区为"$H_n/3$"。

注：本页图中钢筋连接构造及柱箍筋加密区范围用于嵌固部位不在基础底面情况下地下室部分（基础底面至嵌固部位）的柱。

11G101—1 图集第 58 页给出"嵌固部位至基础顶面之间"的柱纵筋及柱箍筋构造，这是从嵌固部位"往下看"的构造，而从嵌固部位"往上看"的构造又是何种做法？——这就是 11G101—1 图集第 57 页。

11G101—1 图集第 57 页和第 58 页所表述的构造都与地下室有关，而在 11G101—1 图集中与地下室有关的构造还有第 77 页的"地下室外墙 DWQ 钢筋构造"。

3. 关于箱形基础问题

看来 11G101—1 第 77 页的"地下室外墙 DWQ 钢筋构造"，也许会提出这样的问题：这个"地下室外墙 DWQ 钢筋构造"能包括"箱形基础外墙构造"吗？11G101 为什么不提"箱形基础"呢？

由于箱形基础是 20 世纪八九十年代的做法，而现在的设计中，地下室采用箱形基础已经几乎不存在了。现在地下室主要采用筏板基础，所以在这次修编时将箱形基础的部分去掉了，直接看筏板基础的构造即可。

2.3.7 5 种柱变截面构造做法

11G101—1 图集第 60 页，抗震 KZ 柱变截面位置纵向钢筋构造

设定了 5 种柱变截面构造做法：

两侧变截面（$\Delta/h_b > 1/6$）：下筋直锚段 $\geqslant 0.5l_{abE}$，弯折段长度 $12d$；
　　　　　　　　　　　　　上筋直锚长度 = $1.2l_{aE}$。

两侧变截面（$\Delta/h_b \leqslant 1/6$）：下层柱纵筋弯曲伸到上层。

一侧变截面（$\Delta/h_b > 1/6$）：下筋直锚段 $\geqslant 0.5l_{abE}$，弯折段长度 $12d$；
　　　　　　　　　　　　　上筋直锚长度 = $1.2l_{aE}$。

一侧变截面（$\Delta/h_b \leqslant 1/6$）：下层柱纵筋弯曲伸到上层。

一侧变截面（另一侧有梁）：上筋直锚长度 = $1.2l_{aE}$；
　　　　　　　　　　　　　下层柱纵筋直钩 = $\Delta + l_{aE}$ － 保护层;
　　　　　　　　　　　　　不限定"下筋直锚段 $\geqslant 0.5l_{abE}$"。

2.3.8 柱箍筋加密区范围的一些新规定

11G101—1 图集第 61 页，抗震 KZ、QZ、LZ 箍筋加密区范围

注：（1）当柱纵筋采用搭接连接时，搭接区范围内箍筋构造见本图集第 54 页。

（2）本图集第 54 页"纵向受力钢筋搭接区箍筋构造"下面的注 2："搭接区内箍筋直径不小于 $d/4$（d 为搭接钢筋最大直径），间距不应大于 100mm 及 $5d$（d 为搭接钢筋最小直径）。"

（3）第 54 页还有注 3："当受压钢筋直径大于 25mm 时，尚应在搭接接头两个端面外 100mm 的范围内各设置两道箍筋。"

（4）当柱在某楼层各向均无梁连接时，计算箍筋加密范围采用的 H_n，按该跃层柱的总净高取用，其余情况同普通柱。

2.3.9 剪力墙上柱、梁上柱的新规定

11G101—1 图集第 61 页，抗震 QZ、LZ 纵向钢筋构造

"抗震剪力墙上 QZ 纵筋构造"设定了两种构造做法：

（1）"柱与墙重叠一层"。（同旧图集）

（2）"柱纵筋锚固在墙顶部时柱根构造"：与剪力墙垂直方向上有梁—柱纵筋锚入梁内，锚入深度 $1.2l_{aE}$，端部弯直钩 150mm。（梁高>$1.2l_{aE}$）

（注：取消了旧图集做法"剪力墙上端做牛腿，柱纵筋锚入深度 $1.6l_{aE}$，端部弯直钩重叠≥$5d$ 且采用双面焊接"）

（3）"梁上柱 LZ 纵筋构造"：

锚入深度≥$0.5l_{abE}$，柱脚弯直钩 $12d$。

注：

1. 墙上起柱，在墙顶面标高以下锚固范围内的柱箍筋按上柱非加密区箍筋要求配置。梁上起柱，在梁内设两道柱箍筋。

2. 墙上起柱（柱纵筋锚固在墙顶部时）和梁上起柱时，墙体和梁的平面外方向应设梁，以平衡柱脚在该方向的弯矩；当柱宽度大于梁宽时，梁应设水平加腋。

2.3.10 小墙肢的定义有改变

11G101—1 图集第 62 页，抗震框架柱和小墙肢箍筋加密区高度选用表（mm）（表格内容同原图集）

注：小墙肢即墙肢长度不大于墙厚 4 倍的剪力墙。矩形小墙肢的厚度不大于 300mm 时，箍筋全高加密。

2.3.11 竖向加腋梁的集中标注和原位标注（有所修改）

11G101—1 图集第 26 页，在"梁集中标注的内容"中指出：

当为竖向加腋梁时，用 $b \times hGY_{c_1 \times c_2}$ 表示，其中 c_1 为腋长，c_2 为腋高（图集图 4.2.3-1）。

注意：图 4.2.3-1 的标注是正确的，但图 4.2.4-2 就有问题了。

11G101—1 图集第 29 页，在"梁原位标注的内容"中指出：

当梁设置竖向加腋时，加腋部位下部斜纵筋应在支座下部以 Y 打头注写在括号内（图 4.2.4-2），本图集中框架梁竖向加腋构造适用于加腋部位参与框架梁计算，其他情况设计者应另行给出构造。

大家看图集的时候要注意图 4.2.4-2（梁加腋平面注写方式表达示例）上的问题：

1. 图上集中标注的"KL7（3）300×700 Y500×250"中采用的是"Y"而不是"G Y"。

2. 第 1 跨下部左右两端原位标注采用"（Y4ϕ25）"和"（Y4ϕ25）"，而在第 3 跨下部左右两端原位标注采用"（4ϕ25）"和"（4ϕ25）"（没有"Y"）。

11G101—1 图集第 83 页，框架梁竖向加腋构造。

"框架梁竖向加腋构造"图示同旧图集。

实际配置的竖向加腋钢筋的根数和规格，见加腋支座下部括号内原位标注的"Y"打

头的钢筋标注（这是与旧图集不同的）。

"本图中框架梁竖向加腋构造适用于加腋部分参与框架梁计算，配筋由设计标注；其他情况设计应另行给出做法。"

图中：c_1 为腋长，c_2 为腋宽，c_3 为梁箍筋加密区长度——图注。

图中 c_3 取值：

抗震等级为一级：$\geqslant 2.0h_b$ 且 $\geqslant 500\text{mm}$；

抗震等级为二～四级：$\geqslant 1.5h_b$ 且 $\geqslant 500\text{mm}$。

加腋部位箍筋规格及肢距与梁端部的箍筋相同（见本页注 4）。

2.3.12 水平加腋梁的集中标注和原位标注（新增）

11G101—1 图集第 26 页，在"梁集中标注的内容"中指出：

当为水平加腋梁时，一侧加腋时用 $b \times h$ PY$c_1 \times c_2$ 表示，其中 c_1 为腋长，c_2 为腋宽，加腋部位应在平面图中绘制（图 4.2.3-2）。

11G101—1 图集第 29 页，在"梁原位标注的内容"中指出：

当梁设置水平加腋时，水平加腋内上、下部斜纵筋应在加腋支座上部以 Y 打头注写在括号内，上、下部斜纵筋之间用斜线"/"分隔（图 4.2.4-3）。

图 4.2.4-3 的"梁水平加腋平面注写方式表达示例"：

本例图上集中标注的"KL2（2A）300×650"没有加腋标注，然而在第 1 跨下部原位标注的"300×700 PY500×250"作了水平加腋标注，而且在上部左右支座作了"（Y2Φ25/2Φ25）"和"（Y2Φ25/2Φ25）"的原位标注。

11G101—1 图集第 83 页，框架梁水平加腋构造

框架梁水平加腋钢筋在框架梁、框架柱内的锚固长度均为"$\geqslant l_{aE}$（$\geqslant l_a$）"。

框架梁水平加腋钢筋在图中画出一根实线、一根虚线——实际配置几根水平加腋钢筋，见加腋支座上部"Y"打头的括号内的原位标注（上下两排钢筋用"/"隔开）。

在施工图中，水平加腋部位的钢筋不一定进行原位标注，见本页注 2：

"当梁结构平法施工图中，水平加腋部位的配筋设计未给出时，其梁腋上下部斜纵筋（仅设置第一排）直径分别同梁内上下纵筋，水平间距不宜大于 200mm；水平加腋部位侧面纵向构造筋的设置及构造要求同梁内侧面纵向构造筋，见本图集第 87 页。"

从"1—1"剖面图中看到加腋部位的侧面纵向构造钢筋（同梁的侧面纵向构造钢筋）。

图中：c_1 为腋长，c_2 为腋宽，c_3 为梁箍筋加密区长度——图注。

图中 c_3 取值：

抗震等级为一级：$\geqslant 2.0h_b$ 且 $\geqslant 500\text{mm}$；

抗震等级为二～四级：$\geqslant 1.5h_b$ 且 $\geqslant 500\text{mm}$。

加腋部位箍筋规格及肢距与梁端部的箍筋相同（见本页注 4）。

2.3.13 各种梁在施工图中应该注明的事项

关于各种梁在施工图中应该注明的事项，在 11G101—1 图集第 33 页指出：

4.6.1 非框架梁、井字梁的上部纵向钢筋在端支座的锚固要求，本图集标准构造详图中规定：当设计按铰接时，平直段伸至端支座对边后弯折，且平直段长度$\geq 0.35l_{ab}$，弯折段长度$15d$（d为纵向钢筋直径）；当充分利用钢筋的抗拉强度时，直段伸至端支座对边后弯折，且平直段长度$\geq 0.6l_{ab}$，弯折段长度$15d$。设计者应在平法施工图中注明采用何种构造，当多数采用同种构造时可在图注中统一写明，并将少数不同之处在图中注明。

4.6.2 非抗震设计时，框架梁下部纵向钢筋在中间支座的锚固长度，本图集的构造详图中按计算中充分利用钢筋的抗拉强度考虑。当计算中不利用该钢筋的强度时，其伸入支座的锚固长度对于带肋钢筋为$12d$，对于光面钢筋为$15d$（d为纵向钢筋直径），此时设计者应注明。

4.6.4 当非框架梁配有受扭纵向钢筋时，梁纵筋锚入支座的长度为20mm，在端支座直锚长度不足时可伸至端支座对边后弯折，且平直段长度$\geq 0.6l_{ab}$，弯折段长度$15d$。设计者应在图中注明。

4.6.5 当梁纵筋兼作温度应力钢筋时，其锚入支座的长度由设计确定。

4.6.7 本图集KZL，用于托墙框支梁，当托柱转换梁采用KZL编号并使用本图集构造时，设计者应根据实际情况进行判定，并提供相应的构造变更。

2.3.14 抗震楼层框架梁KL纵向钢筋构造

11G101—1图集第79页，"抗震楼层框架梁KL，纵向钢筋构造"

端支座水平锚固段引注

上部纵筋："伸至柱外侧纵筋内侧，且$\geq 0.4l_{abE}$"。

下部纵筋："伸至梁上部纵筋弯钩段内侧或柱外侧纵筋内侧，且$\geq 0.4l_{abE}$"（其余同旧图集）。

"端支座加锚头（锚板）构造"（增加）。

上下纵筋端部引注"伸至柱外侧纵筋内侧，且$\geq 0.4l_{abE}$"。

"中间层中间节点梁下部筋在节点外搭接"（增加）。

在"$\geq 1.5h_0$"处开始搭接，搭接长度"$\geq \tau_{\tau E}$"（h_0为梁高）。

下注："梁下部钢筋不能在柱内锚固时，可在节点外搭接。相邻跨钢筋直径不同时，搭接位置位于较小直径一跨"。

"端支座直锚"

上下纵筋端部："$\geq 0.5h_c + 5d \geq l_{abE}$"。

注：

（1）梁上部通长钢筋与非贯通钢筋直径相同时，连接位置宜位于跨中$l_{ni}/3$范围内；梁下部钢筋连接位置宜位于支座$l_{ni}/3$范围内；且在同一连接区段内钢筋接头面积百分率不宜大于50%。

（2）一级框架梁宜采用机械连接，二、三、四级可采用绑扎搭接或焊接连接。

（3）钢筋连接要求见本图集第55页。

（4）当梁纵筋（不包括侧面G打头的构造筋及架立筋）采用绑扎搭接接长时，搭接区内箍筋直径及间距要求见本图集第54页。

（5）梁侧面构造钢筋要求见本图集第87页。

2.3.15 抗震屋面框架梁 WKL 纵向钢筋构造

11G101—1 图集第 80 页，"抗震屋面框架梁 WKL 纵向钢筋构造"

在端支座处梁上部纵筋只是象征性地画出"下弯"，并无引注尺寸（"顶层端节点处梁上部钢筋与附加角部钢筋构造见本图集第 59 页"）。

梁下部纵筋水平锚固段："伸至梁下部纵筋弯钩段内侧，且 $\geqslant 0.4l_{abE}$"。

弯钩段："$15d$"。

"顶层端节点梁下部钢筋端头加锚头（锚板）锚固"（增加）。

下部纵筋端部引注"伸至梁上部纵筋弯钩段内侧，且 $\geqslant 0.4l_{abE}$"。

"顶层端支座梁下部钢筋直锚"（增加）。

下部纵筋端部引注"$\geqslant 0.5h_c + 5d$，$\geqslant l_{aE}$"。

"顶层中间节点梁下部筋在节点外搭接"（增加）

在"$\geqslant 1.5h_0$"处开始搭接，搭接长度"$\geqslant l_{lE}$"。

下注："梁下部钢筋不能在柱内锚固时，可在节点外搭接。相邻跨钢筋直径不同时，搭接位置位于较小直径一跨"。

2.3.16 KL、WKL 中间支座纵向钢筋构造

11G101—1 图集第 84 页，"KL、WKL 中间支座纵向钢筋构造"

其中①～③节点为"WKL"，④～⑥为"KL"。（旧图集④～⑦节点为"KL"）

①节点：梁底左低右高（高差"Δ_h"）

左梁下部纵筋标注"可直锚"，图示弯锚水平段"$\geqslant 0.4l_{abE}$"，弯钩"$15d$"。

右梁下部纵筋直锚"l_{aE}（l_a）"，标注"当 $\Delta h/(h_c-50) \leqslant 1/6$ 时参见节点⑤做法"。

②节点：梁顶左高右低（高差"Δ_h"）（旧图集高差为 c）

左梁上部纵筋弯锚，弯钩长度"$\Delta h + l_{aE}$（l_a）—保护层"。（旧图集"$c+15d$"）

右梁直锚长度"l_{aE}（l_a）"。（旧图集为"$1.6l_{aE}$（$1.6l_a$）"）

——可见，高梁上部纵筋的弯钩长度有所加长，而低梁的直锚长度有所减小。

③节点：左窄右宽（或左少右多）

右梁不能直锚的钢筋（或多出的钢筋）弯锚：

上下部纵筋弯锚的水平段长度均为"$\geqslant 0.4l_{abE}$（$\geqslant 0.4l_{ab}$）"。

上部纵筋弯钩段长度"l_{aE}（l_a）"。（旧图集为"$15d$"）

下部纵筋弯钩段长度"$15d$"。

可见，上部纵筋弯钩段长度有所加长。

（右梁下部纵筋标注"可直锚"）

④节点：梁顶（梁底）高差较大（$\Delta h/(h_c-50) > 1/6$）

梁顶有高差时：高梁上部纵筋弯锚水平段长度"$\geqslant 0.4l_{abE}$（$\geqslant 0.4l_{ab}$）"的弯钩长度"$15d$"；低梁上部纵筋直锚长度"l_{aE}（l_a）"。

梁底有高差时：梁下部纵筋的锚固结构同上部纵筋。

（左梁上部纵筋、右梁下部纵筋标注"可直锚"）

⑤节点：梁顶（梁底）高差较小（$\Delta h/(h_c-50) \leqslant 1/6$）

梁上部（下部）纵筋可连续布置（弯曲通过中间节点）。

⑥ 节点：左窄右宽（或左少右多）

右梁不能直锚的钢筋（或多出的钢筋）弯锚：

弯锚的水平段长度均为"$\geqslant 0.4 l_{abE}$（$\geqslant 0.4 l_{ab}$）"；

弯钩段长度均为"$15d$"。

（右梁上、下部纵筋标注"可直锚"）

（印象：对节点的连接进行了强化。）

2.3.17 非抗震框架梁 KL、WKL 箍筋构造

11G101—1 图集第 85 页，"非抗震框架梁 KL、WKL 箍筋构造"

分为两种情况：

（1）一种箍筋间距（同旧图集）；

（2）两种箍筋间距（新增）。

"梁端箍筋规格及数量由设计标注。"

2.3.18 抗震框架梁 KL、WKL 箍筋加密区构造

11G101—1 图集第 85 页，"抗震框架梁 KL、WKL 箍筋加密区构造"

分为两种情况：

（1）抗震框架梁 KL、WKL 箍筋加密区范围（尽端为柱）；

（2）抗震框架梁 KL、WKL（尽端为梁）箍筋加密区范围（新增）。

支座为主梁的端部引注："此端箍筋构造可不设加密区，梁端箍筋规格及数量由设计确定。"

2.3.19 非框架梁 L 配筋构造（改动较大）

11G101—1 图集第 86 页，"非框架梁 L 配筋构造"

梁端支座标注上部纵筋弯锚水平段长度：（弯钩长度"$15d$"——同旧图集）

设计按铰接时：$\geqslant 0.35 l_{ab}$。

充分利用钢筋的抗拉强度时：$\geqslant 0.6 l_{ab}$。

梁端支座处标注下部非贯通筋延伸长度：

设计按铰接时：$l_{n1}/5$。

充分利用钢筋的抗拉强度时：$l_{n1}/3$。

梁上部跨中同时标注两种钢筋："架立筋（通长筋）"。

梁上部通长筋连接要求见注 2。

注：

1. 当端支座为柱、剪力墙（平面内连接）时，梁端部应设箍筋加密区，设计应确定加密区长度。设计未确定时取该工程框架梁加密区长度。梁端与柱斜交，或与圆柱相交时的箍筋起始位置见本图集第 85 页。

2. 当梁上部有通长钢筋时，连接位置宜位于跨中 $l_{ni}/3$ 范围内；梁下部钢筋连接位置宜位于支座 $l_{ni}/4$ 范围内；且在同一连接区段内钢筋接头面积百分率不宜大于 50%。

3. 钢筋连接要求见本图集第 55 页。

4. 当梁纵筋（不包括侧面 G 打头的构造筋及架立筋）采用绑扎搭接接长时，搭接区内箍筋直径及间距要求见本图集第 54 页。

5. 当梁配有受扭纵向钢筋时，梁下部纵筋锚入支座的长度应为 l_a，在端支座直锚长度不足时可弯锚，见图 1。当梁纵筋兼作温度应力筋时，梁下部钢筋锚入支座长度由设计确定。

6. 纵筋在端支座应伸至主梁外侧纵筋内侧后弯折，当直段长度不小于 l_a 时可不弯折。

7. 当梁中纵筋采用光面钢筋时，图中 $12d$ 应改为 $15d$。

8. 梁侧面构造钢筋要求见本图集第 87 页。

9. 图中"设计按铰接时"、"充分利用钢筋的抗拉强度时"由设计指定。

10. 弧形非框架梁的箍筋间距沿梁凸面线度量。

2.3.20 纯悬挑梁 XL

11G101—1 图集第 89 页，"纯悬挑梁 XL"

上部纵筋弯锚：弯锚水平段"伸至柱外侧纵筋内侧，且 $\geqslant 0.4l_{ab}$"，弯钩长度"$15d$"。

第二排上部纵筋在伸出 $0.75l$ 之后，弯折到梁下部，再向梁尽端弯出"$\geqslant 10d$"。

下部纵筋直锚长度"$15d$"。

（其余钢筋下料图同旧图集）

注：不考虑地震作用时，当纯悬挑梁或 D 节点悬挑端的纵向钢筋直锚长度 $\geqslant l_a$ 且 $\geqslant 0.5h_c + 5d$ 时，可不必往下弯折。

2.3.21 各类的悬挑端配筋构造（改动较大）

11G101—1 图集第 89 页，"各类的悬挑端配筋构造"

给出 7 种结构做法：A～E 为楼层框架梁悬挑端，F、G 为屋面框架梁悬挑端。

A 节点：悬挑端由框架梁平伸出

第二排上部纵筋在伸出 $0.75l$ 之后，弯折到梁下部，再向梁尽端弯出"$\geqslant 10d$"。下部纵筋直锚长度"$15d$"。

（其余钢筋下料图同旧图集）

B 节点：悬挑端比框架梁低 Δh（$\Delta h / h_c - 50) > 1/6$（"仅用于中间层"）

框架梁弯锚水平段长度"$\geqslant 0.4l_{ab}$（$\geqslant 0.4l_{abE}$）"，弯钩"$15d$"；

悬挑端上部纵筋直锚长度"$\geqslant l_a$"。

C 节点：悬挑端比框架梁低 Δh（$\Delta h / h_c - 50) \leqslant 1/6$

上部纵筋连续布置。

"用于中间层，当支座为梁时也可用于屋面。"

D 节点：悬挑端比框架梁高 Δh（$\Delta h / h_c - 50) > 1/6$（"仅用于中间层"）

悬挑端上部纵筋弯锚：弯锚水平段"伸至柱对边纵筋内侧，且 $\geqslant 0.4l_{ab}$"，弯钩长度"$15d$"。

框架梁上部纵筋直锚长度"$\geqslant l_{ab}$（$\geqslant l_{abE}$）"。

E 节点：悬挑端比框架梁高 Δh（$\Delta h / h_c - 50) \leqslant 1/6$

上部纵筋连续布置。

"用于中间层，当支座为梁时也可用于屋面。"

F 节点：悬挑端比框架梁低 Δh（$\Delta h \leqslant h_b/3$）

框架梁上部纵筋弯锚：直钩长度"$\geqslant l_a$（$\geqslant l_{aE}$）且伸至梁底"。

悬挑端上部纵筋直锚长度"$\geqslant l_a$"。

"用于屋面，当支座为梁时也可用于中间层。"

G 节点：悬挑端比框架梁高 Δh（$\Delta h \leqslant h_b/3$）

框架梁上部纵筋直锚长度"$\geqslant l_a$（$\geqslant l_{aE}$）"。

悬挑端上部纵筋弯锚：弯锚水平段长度"$\geqslant 0.4l_{ab}$"，直钩长度"$\geqslant l_a$ 且伸至梁底"。

"用于屋面，当支座为梁时也可用于中间层。"

注：

1. 不考虑地震作用时，当纯悬挑梁或 D 节点悬挑端的纵向钢筋直锚长度$\geqslant l_a$ 且$\geqslant 0.5h_c + 5d$ 时，可不必往下弯折。

2. 括号内数字为抗震框架梁纵筋锚固长度。当悬挑梁考虑竖向地震作用时（由设计明确），图中悬挑梁中钢筋锚固长度 l_a、l_{ab} 应改为 l_{aE}、l_{abE}，悬挑梁下部钢筋伸入支座长度也应采用 l_{aE}。

3. A、F、G 节点，当屋面框架梁与悬挑端根部底平时，框架柱中纵向钢筋锚固要求可按中柱柱顶节点（见本图集第 60、65 页）。

4. 当梁上部设有第三排钢筋时，其伸出长度应由设计者注明。

2.3.22 KZZ、KZL 配筋构造

11G101—1 图集第 90 页，"KZZ、KZL 配筋构造"

图及标注基本同旧图集，不同点：

框支梁上下纵筋在端支座弯锚的水平锚固段长度使用"$\geqslant 0.4l_{abE}$（$\geqslant 0.4 l_{ab}$）"而不是"$\geqslant 0.4l_{aE}$（$\geqslant 0.4 l_a$）"。

"1—1 断面"与旧图集的不同点：

"墙体竖向钢筋锚固长度$\geqslant l_{aE}$（l_a）"（旧图集为"U 形筋绕过梁底筋"）。

"边缘构件纵向钢筋锚固长度$\geqslant 1.2l_{aE}$（$1.2l_a$）"。

"拉筋直径不宜小于箍筋两个规格⋯⋯"（旧图集为：同第 62 页的注 4）。

注：

1. 梁纵向钢筋宜采用机械连接接头，同一截面内接头钢筋截面面积不应超过全部纵筋截面面积的 50%，接头位置应避开上部墙体开洞部位、梁上托柱部位及受力较大部位。

2. 梁侧面纵筋直锚时$\geqslant 0.5h_c + 5d$。

3. 对框支梁上部的墙体开洞部位的箍筋应加密配置，加密区范围可取墙边两侧各 1.5 倍转换梁高度。

2.3.23 井字梁 JZL 配筋构造

110101—1 图集第 91 页，"井字梁 JZL 配筋构造"

图及标注基本同旧图集，不同点：

井字梁在端支座弯锚，弯锚水平段长度：

设计按铰接时：$\geqslant 0.35l_{ab}$。

充分利用钢筋的抗拉强度时：$\geqslant 0.6l_{ab}$。

注：

1. 设计无具体说明时，井字梁上、下部纵筋均短跨在下，长跨在上；短跨梁箍筋在相交范围内通长设置；相交处两侧各附加3道箍筋，间距50mm，箍筋直径及肢数同梁内箍筋。

2. JZL3（2）在柱子上的纵筋锚固及箍筋加密要求同框架梁。

3. 纵筋在端支座应伸至主梁外侧纵筋内侧后弯折，当直段长度不小于 l_a 时可不弯折。

4. 当梁上部有通长钢筋时，连接位置宜位于跨中 $l_{ni}/3$ 范围内；梁下部钢筋连接位置宜位于支座 $l_{ni}/4$ 范围内；且在同一连接区段内钢筋接头面积百分率不宜大于50%。

5. 钢筋连接要求见本图集第55页。

6. 当梁纵筋（不包括侧面G打头的构造筋及架立筋）采用绑扎搭接接长时，搭接区内箍筋直径及间距要求见本图集第54页。

7. 当梁中纵筋采用光面钢筋时，图中12d应改为15d。

8. 梁侧面构造钢筋要求见本图集第87页。

9. 图中"设计按铰接时"、"充分利用钢筋的抗拉强度时"由设计指定。

2.3.24 剪力墙柱编号

11G101—1图集第13页，剪力墙平法施工图制图规则中规定：

墙柱编号中的边缘构件编号为：

约束边缘构件　　　YBZX×

构造边缘构件　　　GBZX×

注：约束边缘构件包括约束边缘暗柱、约束边缘端柱、约束边缘翼墙、约束边缘转角墙四种（见图3.2.2-1）。构造边缘构件包括构造边缘暗柱、构造边缘端柱、构造边缘翼墙、构造边缘转角墙四种（见图3.2.2-2）。

我们来看一下11G101—1图集第21页的一个剪力墙标注例子：

"－0.030－12.270剪力墙平法施工图"（旧图集为"－0.030－59.070"）

在"结构层楼面标高/结构层高"表中以粗线条表示楼层范围为"1、2、3"层，"底部加强部位"仍是"1、2"层。

图中，墙柱均为"约束边缘构件"：（旧图集为"构造边缘构件"）

YBZ1——旧图集为GJZ1

YBZ2——旧图集为GDZ1

YBZ3——旧图集为GDZ2

YBZ4——旧图集为GYZ2

YBZ5——旧图集为GJZ3

YBZ6——旧图集为GYZ6

YBZ7——旧图集为GJZ4

YBZ8——旧图集为GYZ5

新图集的边缘构件都是以"Y"打头的，显然是为了展示约束边缘构件的标注方法。撇开"Y"与"G"的区别不说，我们还会发现，旧图集的端柱、翼墙柱和转角墙柱在编号上就能够一目了然，而新图集在编号上却是一点也看不出来，只能通过图上每个构件的具体形状才能分别出端柱、翼墙柱和转角墙柱来。

2.3.25 剪力墙连梁编号

11G101—1图集第13页，剪力墙平法施工图制图规则中规定：
墙梁编号中的连梁编号为：

连梁　　　　　　　　LL××
连梁（对角暗撑配筋）LL（JC）××
连梁（交叉斜筋配筋）LL（JX）××
连梁（集中对角斜筋配筋）LL（DX）××

2.3.26 约束边缘构件标注的注意事项

11G101—1图集第15页规定在剪力墙柱表中注写墙柱编号（见表3.2.2-1），绘制该墙柱的截面配筋图，标注墙柱几何尺寸。

（1）约束边缘构件（见图3.2.2-1）需注明阴影部分尺寸。

注：剪力墙平面布置图中应注明约束边缘构件沿墙肢长度 l_c（约束边缘翼墙中沿墙肢长度尺寸为 $2b_f$ 时可不注）。

（2）构造边缘构件（见图3.2.2-2）需注明阴影部分尺寸。

约束边缘构件除注写阴影部位的箍筋外，尚需在剪力墙平面布置图中注写非阴影区内布置的拉筋（或箍筋）。

注：拉筋标注按本规则第3.2.4条。

设计施工时应注意：（1）当约束边缘构件体积配箍率计算中计入墙身水平分布钢筋时，设计者应注明。此时还应注明墙身水平分布钢筋在阴影区域内设置的拉筋。施工时，墙身水平分布钢筋应注意采用相应的构造做法。

（2）当非阴影区外圈设置箍筋时，设计者应注明箍筋的具体数值及其余拉筋。施工时，箍筋应包住阴影区内第二列竖向纵筋（见本图集第71页图）。当设计采用与本构造详图不同的做法时，应另行注明。

2.3.27 拉筋应注明布置方式

11G101—1图集第16页规定在剪力墙身表中注写水平分布钢筋、竖向分布钢筋和拉筋的具体数值。注写数值为一排水平分布钢筋和竖向分布钢筋的规格与间距。具体设计几排已经在墙身编号后面表达。

拉筋应注明布置方式"双向"或"梅花双向"，见图3.2.4（图中 a 为竖向分布钢筋间距，b 为水平分布钢筋间距）。

2.3.28 连梁的注写内容

11G101—1图集第16页规定在剪力墙梁表中连梁注写的具体内容包括：

（1）当连梁设有对角暗撑时（代号为LL（JC）XX），注写暗撑的截面尺寸（箍筋外皮尺寸）；注写一根暗撑的全部纵筋，并标注×2表明有两根暗撑相互交叉；注写暗撑箍筋的具体数值。

（2）当连梁设有交叉斜筋时（代号为LL（JX）XX），注写连梁一侧对角斜筋的配筋值，并标注×2表明对称设置；注写对角斜筋在连梁端部设置的拉筋根数、规格及直径，并标注×4表示四个角都设置；注写连梁一侧折线筋配筋值，并标注×2表明对称设置。

（3）当连梁设有集中对角斜筋时（代号为LL（DX）XX），注写一条对角线上的对角斜筋，并标注×2表明对称设置。

2.3.29 剪力墙洞口的补强构造

1. 补强钢筋或补强暗梁的注写

11G101—1图集第18页，"剪力墙洞口的表示方法"中规定了洞口每边补强钢筋或补强暗梁的注写规则：……

（4）洞口每边补强钢筋，分为以下几种不同情况：

1）当矩形洞口的洞宽、洞高均不大于800mm时，此项注写为洞口每边补强钢筋的具体数值（如果按标准构造详图设置补强钢筋时可不注）。当洞宽、洞高方向补强钢筋不一致时，分别注写洞宽方向、洞高方向补强钢筋，以"/"分隔。

【例】 JD4 800×300+3.1003Φ18/3Φ14，表示4号矩形洞口，洞宽800mm，洞高300mm，洞口中心距本结构层楼面3100mm，洞宽方向补强钢筋为3Φ18，洞高方向补强钢筋为3Φ14。

2）当矩形或圆形洞口的洞宽或直径大于800mm时，在洞口的上、下需设置补强暗梁，此项注写为洞口上、下每边暗梁的纵筋与箍筋的具体数值（在标准构造详图中，补强暗梁梁高一律定为400mm，施工时按标准构造详图取值，设计不注。当设计者采用与该构造详图不同的做法时，应另行注明），圆形洞口时尚需注明环向加强钢筋的具体数值；当洞口上、下边为剪力墙连梁时，此项免注；洞E1竖向两侧设置边缘构件时，也不在此项表达（当洞口两侧不设置边缘构件时，设计者应给出具体做法）。

【例】 YD5 1000+1.800 6Φ20Φ8@150Φ16，表示5号圆形洞口，直径1000mm，洞口中心距本结构层楼面1800mm，洞口上下设置补强暗梁，每边暗梁纵筋为6Φ20，箍筋为Φ8@150，环向加强钢筋为2Φ16。

2. 剪力墙洞口补强构造

11G101—1图集第78页，"剪力墙洞口补强构造"

"矩形洞宽和洞高均大于800mm时洞口补强纵筋构造"。（同旧图集）

"剪力墙圆形洞口直径大于800mm时补强纵筋构造"。（新增）

上下补强暗梁和左右边缘构件等同上。

增加了"环形加强钢筋"、"墙体分布钢筋延伸至洞口边弯折"，且绕过环形加强钢筋伸至对边后截断（见"A—A"断面图）。

2.3.30 地下室外墙

地下室外墙的表示方法

11G101—1图集第19页，"地下室外墙的表示方法"

3.5 地下室外墙的表示方法

3.5.1 本节地下室外墙仅适用于起挡土作用的地下室外围护墙。地下室外墙中墙柱、连梁及洞口等的表示方法同地上剪力墙。

3.5.2 地下室外墙编号由墙身代号、序号组成。表达为：

$$DWQ\times\times$$

3.5.3 地下室外墙的注写方式，包括集中标注墙体编号、厚度、贯通筋、拉筋等和原位标注附加非贯通筋等两部分内容。当仅设置贯通筋，未设置附加非贯通筋时，则仅作集中标注。

3.5.4 地下室外墙的集中标注，规定如下：

1. 注写地下室外墙编号，包括代号、序号、墙身长度（注为$\times\times\sim\times\times$轴）。

2. 注写地下室外墙厚度 b_w—$\times\times\times$。

3. 注写地下室外墙的外侧、内侧贯通筋和拉筋。

（1）以 OS 代表外墙外侧贯通筋。其中，外侧水平贯通筋以 H 打头注写，外侧竖向贯通筋以 V 打头注写。

（2）以 IS 代表外墙内侧贯通筋。其中，内侧水平贯通筋以 H 打头注写，内侧竖向贯通筋以 V 打头注写。

（3）以 t b 打头注写拉筋直径、强度等级及间距，并注明"双向"或"梅花双向"（见本规则第 3.2.4 条第 3 款）。

【例】 DWQ2（①～⑥），$b_w=300$

OS：H⚎18@200，V⚎20@200

IS：H⚎16@200，V⚎18@200

tbΦ6@400@400 双向

表示 2 号外墙，长度范围为①～⑥之间，墙厚为 300mm；外侧水平贯通筋为⚎18@200，竖向贯通筋为⚎20@200；内侧水平贯通筋为⚎16@200，竖向贯通筋为⚎18@200；双向拉筋为Φ6，水平间距为 400mm，竖向间距为 400mm。

3.5.5 地下室外墙的原位标注，主要表示在外墙外侧配置的水平非贯通筋或竖向非贯通筋。

当配置水平非贯通筋时，在地下室墙体平面图上原位标注。在地下室外墙外侧绘制粗实线段代表水平非贯通筋，在其上注写钢筋编号并以 H 打头注写钢筋强度等级、直径、分布间距，以及自支座中线向两边跨内的伸出长度值。当自支座中线向两侧对称伸出时，可仅在单侧标注跨内伸出长度，另一侧不注，此种情况下非贯通筋总长度为标注长度的 2 倍。边支座处非贯通钢筋的伸出长度值从支座外边缘算起。

地下室外墙外侧非贯通筋通常采用"隔一布一"方式与集中标注的贯通筋间隔布置，其标注间距应与贯通筋相同，两者组合后的实际分布间距为各自标注间距的 1/2。

当在地下室外墙外侧底部、顶部、中层楼板位置配置竖向非贯通筋时，应补充绘制地下室外墙竖向截面轮廓图并在其上原位标注。表示方法为在地下室外墙竖向截面轮廓图外侧绘制粗实线段代表竖向非贯通筋，在其上注写钢筋编号并以 V 打头注写钢筋强度等级、直径、分布间距，以及向上（下）层的伸出长度值，并在外墙竖向截面图名下注明分布范围（$\times\times\sim\times\times$轴）。

注：向层内的伸出长度值注写方式：

1. 地下室外墙底部非贯通钢筋向层内的伸出长度值从基础底板顶面算起。

2. 地下室外墙顶部非贯通钢筋向层内的伸出长度值从板底面算起。

3. 中层楼板处非贯通钢筋向层内的伸出长度值从板中间算起，当上下两侧伸出长度值相同时可仅注写一侧。

设计时应注意：Ⅰ. 设计者应根据具体情况判定扶壁柱或内墙是否作为墙身水平方向的支座，以选择合理的配筋方式。

Ⅱ. 本图集提供了"顶板作为外墙的简支支承"、"顶板作为外墙的弹性嵌固支承"两种做法，设计者应指定选用何种做法。

3.5.6 采用平面注写方式表达的地下室剪力墙平法施工图示例见本图集第 24 页图。

2.3.31 地下室外墙 DWQ 钢筋构造

11G101—1 图集第 77 页，"地下室外墙 DWQ 钢筋构造"

"地下室外墙水平钢筋构造"：

1. 地下室外墙水平钢筋分为：外侧水平贯通筋、外侧水平非贯通筋、内侧水平贯通筋。

2. 角部节点构造（"①"节点）：地下室外墙外侧水平筋在角部搭接，搭接长度"l_{lE}（l_l）"——"当转角两边墙体外侧钢筋直径及间距相同时可连通设置"；地下室外墙内侧水平筋伸至对边后弯 $15d$ 直钩。

3. 外侧水平贯通筋非连接区：端部节点"$l_{n1}/3$、$H_n/3$ 中较小值"，中间节点"$l_{nx}/3$，$H_n/3$ 中较小值"；外侧水平贯通筋连接区为相邻"非连接区"之间的部分。（"l_{nx} 为相邻水平跨的较大净跨值，H_n 为本层层高"）

"地下室外墙竖向钢筋构造"：

1. 地下室外墙竖向钢筋分为：外侧竖向贯通筋、外侧竖向非贯通筋、内侧竖向贯通筋，还有"墙顶通长加强筋"（按具体设计）。

2. 角部节点构造：（旧图集竖向钢筋的直钩一律为 $15d$）

"②"节点（顶板作为外墙的简支支承）：地下室外墙外侧和内侧竖向钢筋伸至顶板上部弯 $12d$ 直钩。

"③"节点（顶板作为外墙的弹性嵌固支承）：地下室外墙外侧竖向钢筋与顶板上部纵筋搭接"l_{lE}（l_l）"；顶板下部纵筋伸至墙外侧后弯 $15d$ 直钩；地下室外墙内侧竖向钢筋伸至顶板上部弯 $15d$ 直钩。

3. 外侧竖向贯通筋非连接区：底部节点"$H-2/3$"，中间节点为两个"$H-x/3$（旧图集为 $H-2/3$ 与（$H-x$）/3），顶部节点"（$H-x$）/3"；外侧竖向贯通筋连接区为相邻"非连接区"之间的部分。（"$H-x$ 为 $H-1$ 和 $H-2$ 的较大值"）

内侧竖向贯通筋连接区：底部节点"$H-2/4$"，中间节点：楼板之下部分"$H-2/4$"，楼板之上部分"$H-1/4$"。

注：

1. 当具体工程的钢筋的排布与本图集不同时（如将水平筋设置在外层），应按设计要求进行施工。

2. 扶壁柱、内墙是否作为地下室外墙的平面外支承应由设计人员根据工程具体情况确定，并在设计文件中明确。

3. 是否设置水平非贯通筋由设计人员根据计算确定，非贯通筋的直径、间距及长度由设计人员在设计图纸中标注。

4. 当扶壁柱、内墙不作为地下室外墙的平面外支承时，水平贯通筋的连接区域不受限制。

5. 外墙和顶板的连接节点做法②、③的选用由设计人员在图纸中注明。

6. 地下室外墙与基础的连接见 11G101—3《混凝土结构施工图平面整体表示方法制图规则和构造详图（独立基础、条形基础、筏形基础及桩基承台）》。

2.3.32 剪力墙身水平钢筋构造

11G101—1 图集第 68 页，"剪力墙身水平钢筋构造"

"端部无暗柱时剪力墙水平钢筋端部做法（一）"。（同旧图集）

"（当墙厚度较小时）"。

"端部无暗柱时剪力墙水平钢筋端部做法（二）"。（同旧图集）

"端部有暗柱时剪力墙水平钢筋端部做法"。（与旧图集不同）

水平分布筋绕过暗柱端部纵筋的外侧，然后弯 $15d$ 的直钩。

（注意）本页注：

4. 剪力墙水平分布钢筋计入约束边缘构件体积配箍率的构造做法详见本图集第 72 页。

"剪力墙水平钢筋交错搭接"：

搭接长度 "$\geqslant 1.2l_{aE}$（$\geqslant 1.2l_a$）"（旧图集为 "$\geqslant l_{lE}$（$\geqslant l_l$）"）

（比起旧图集）转角墙增加了两种做法：

"转角墙（一）"：（外侧水平筋连续通过转弯）

连接区域在暗柱范围外，上下相邻两排水平筋在转角一侧交错搭接。（在一侧搭接，搭接范围 $\geqslant 1.2l_{aE}+500+1.2l_{aE}$）

"转角墙（二）"：（外侧水平筋连续通过转弯）

连接区域在暗柱范围外，上下相邻两排水平筋在转角两侧交错搭接。（在两侧交错搭接，每侧搭接范围 $\geqslant 1.2l_{aE}$）

"转角墙（三）"：（外侧水平筋在转角处搭接）

每层水平筋都在转角处搭接，搭接长度 $\geqslant l_{lE}$（$\geqslant l_l$）

"斜交转角墙"：

外侧筋连续通过转角，内侧筋伸至对边后拐弯 "$15d$"。（旧图集为 "内侧筋锚入对边 $\geqslant l_{aE}$（$\geqslant l_a$）"）

11G101—1 图集第 69 页，"剪力墙身水平钢筋构造"

"翼墙"：（同旧图集）

"斜交翼墙"（新增）：构造同旧图集（水平筋伸至暗柱外侧纵筋内侧弯 $15d$）。

（旧图集只有一个"端柱转角墙"节点：对于外侧水平筋没有明确描述，内侧水平筋伸至对边且 "$\geqslant 0.4l_{aE}$（$\geqslant 0.4l_a$）"，然后弯 $15d$ 直钩）

"端柱转角墙（一）"：（两墙外侧与端柱一平）

两墙外侧水平筋伸至端柱角筋且 "$\geqslant 0.6l_{abE}$（$\geqslant 0.6l_{ab}$）"，然后弯 $15d$ 直钩；墙内侧水平筋伸至对边，然后弯 $15d$ 直钩。

"端柱转角墙（二）"：（一侧墙外侧与端柱一平，另一侧墙在端柱中部）

与端柱外侧一平的墙外侧水平筋伸至端柱角筋且"$\geqslant 0.6l_{abE}$（$\geqslant 0.6l_{ab}$）"，其内侧水平筋和另一墙的水平筋伸至对边，然后弯 $15d$ 直钩。

"端柱转角墙（三）"：（一侧墙外侧与端柱一平，另一侧墙内侧与端柱一平）

与端柱外侧一平的墙外侧水平筋伸至端柱角筋且"$\geqslant 0.6l_{abE}$（$\geqslant 0.6l_{ab}$）"，其内侧水平筋和另一墙的水平筋伸至对边，然后弯 $15d$ 直钩。

旧图集只有一个"端柱翼墙"节点：翼墙水平筋伸至对边且"$\geqslant 0.4l_{aE}$（$\geqslant 0.4l_a$）"

"端柱翼墙（二）"：（翼缘墙在端柱中部）

翼墙水平筋伸至对边，然后弯 $15d$ 直钩。

"端柱翼墙（三）"：（翼缘墙在端柱中部且翼墙一侧与端柱内侧一平）

翼墙水平筋伸至对边，然后弯 $15d$ 直钩。

[旧图集的"端柱端部墙"节点：墙水平筋伸至对边且"$\geqslant 0.4l_{aE}$（$\geqslant 0.4l_a$）"，然后弯 $15d$ 直钩]

"端柱端部墙"：

墙水平筋伸至对边，然后弯 $15d$ 直钩。

"水平变截面墙水平钢筋构造"（新增）：

墙宽截面一侧的水平筋伸至变截面处弯直钩"$\leqslant 15d$"；墙窄截面一侧的水平筋直锚长度"$\geqslant 1.2l_{aE}$（$\geqslant 1.2l_a$）"。

注：当墙体水平钢筋伸入端柱的直锚长度$\geqslant l_{aE}$（l_a）时，可不必上下弯折，但必须伸至端柱对边竖向钢筋内侧位置。其他情况，墙体水平钢筋必须伸入端柱对边竖向钢筋内侧位置，然后弯折。

2.3.33 剪力墙身竖向钢筋构造

11G101—1图集第70页，"剪力墙身竖向钢筋构造"

"剪力墙身竖向分布钢筋连接构造"：

搭接2种，机械连接1种，焊接1种。其中：

"各级抗震等级或非抗震剪力墙竖向分布钢筋焊接构造"：（新增）

距楼板顶面基础顶面"$\geqslant 500mm$"，相邻连接点间距"$35d$ 且$\geqslant 500mm$"。

"剪力墙竖向钢筋顶部构造"（边框梁）：（新增）

竖向钢筋直锚入边框梁"l_{aE}（l_a）"。

"剪力墙竖向分布钢筋锚入连梁构造"：（新增）

竖向钢筋（从上向下）直锚入连梁"l_{aE}（l_a）"。

"剪力墙变截面处竖向分布钢筋构造"：（四个图）

1. 单侧变截面（外侧一平，内侧错台）：

变截面的一侧下层墙竖向筋伸至楼板顶部弯直钩"$\geqslant 12d$"；上层墙竖向筋直锚长度"$1.2l_{aE}$（$1.2l_a$）"。

2. 双侧变截面（错台较大）：

双侧下层墙竖向筋伸至楼板顶部弯直钩"$\geqslant 12d$"；上层墙竖向筋直锚长度"$1.2l_{aE}$（$1.2l_a$）"。

3. 双侧变截面（Δ≤30）：

剪力墙竖向筋弯折连续通过变截面处。

4. 单侧变截面（内侧一平，外侧错台）：

变截面的一侧下层墙竖向筋伸至楼板顶部弯直钩"≥12d"；上层墙竖向筋直锚长度
"$1.2l_{aE}$（$1.2l_a$）"。

注：

1. 端柱、小墙肢的竖向钢筋与箍筋构造与框架柱相同。其中，抗震竖向钢筋与箍筋构造详见本图集
第 57~62 页，非抗震纵向钢筋构造与箍筋详见本图集第 63~66 页。

2. 本图集所指小墙肢为截面高度不大于截面厚度 4 倍的矩形截面独立墙肢。

3. 所有暗柱纵向钢筋绑扎搭接长度范围内的箍筋直径及间距要求见本图集第 54 页。

4. 纵向钢筋的连接应符合相关规范要求。

2.3.34 约束边缘构件 YBZ 构造

11G101—1 图集第 71 页，"约束边缘构件 YBZ 构造"

"约束边缘暗柱（一）"（非阴影区设置拉筋）。（同旧图集）

"约束边缘暗柱（二）"（非阴影区外围设置封闭箍筋）。（新增）

"约束边缘端柱（一）"（非阴影区设置拉筋）。（同旧图集）

"约束边缘端柱（二）"（非阴影区外围设置封闭箍筋）。（新增）

"约束边缘翼墙（一）"（非阴影区设置拉筋）。（同旧图集）

"约束边缘翼墙（二）"（非阴影区外围设置封闭箍筋）。（新增）

"约束边缘转角墙（一）"（非阴影区设置拉筋）。（同旧图集）

"约束边缘转角墙（二）"（非阴影区外围设置封闭箍筋）。（新增）

【说明】

从图中可以看出，当非阴影区外圈设置箍筋时，非阴影区外圈设置的箍筋与阴影区的
箍筋有一段重叠，即非阴影区外圈的箍筋应包住阴影区内的第二列竖向纵筋。

同时，非阴影区外圈箍筋之内仍设有拉筋。

这些非阴影区外圈的箍筋及其拉筋，应该由设计者在施工图中注明。

2.3.35 剪力墙水平钢筋计入约束边缘构件体积配箍率的构造（新增）

11G101—1 图集第 72 页，"剪力墙水平钢筋计入约束边缘构件体积配箍率的构造
做法"

共同的配筋特点：

剪力墙水平筋与箍筋交错布置（即：一层水平筋，一层箍筋；再一层水平筋，一层箍
筋……）。

从图中可以看出，墙身水平分布钢筋在阴影区域内还设有拉筋，这些拉筋应由设计者
在施工图中注明。

以下是不同构造的区别（体现在水平筋上）：

"约束边缘暗柱（一）"：

剪力墙水平筋"U形"连续通过端部暗柱，连接区在 l_c 范围外，搭接长度"$\geqslant l_{lE}$（$\geqslant l_l$）"。

"约束边缘暗柱（二）"：

剪力墙水平筋在暗柱端部交叉搭接，一侧水平筋拐过暗柱端部，钩住另一侧的暗柱角筋。

"约束边缘转角墙"：

剪力墙外侧水平筋连续通过转角墙；内侧水平筋拐过转角钩住角部纵筋。

"约束边缘翼墙"：有两种配筋方式：

1. 水平筋拐过翼墙端部，钩住另一侧的暗柱角筋。

2. 水平筋"U形"连续通过翼墙端部，连接区在 l_c 范围外，搭接长度"$\geqslant l_{lE}$（$\geqslant l_l$）"。

注：

1. 计入的墙水平分布钢筋的体积配箍率不应大于总体积配箍率的 30%。

2. 约束边缘端柱水平分布钢筋的构造做法参照约束边缘暗柱。

3. 约束边缘构件非阴影区部位构造做法详见本图集第 71 页。

4. 本页构造做法应由设计者指定后使用。

2.3.36 剪力墙边缘构件纵向钢筋连接构造

11G101—1 图集第 73 页，"剪力墙边缘构件纵向钢筋连接构造"

"剪力墙边缘构件纵向钢筋连接构造"的题下注：适用于约束边缘构件阴影部分和构造边缘构件的纵向钢筋。

下面是三种连接方式的一些变更（与旧图集对比）：

"绑扎搭接"：

距楼板顶面基础顶面"$\geqslant$500mm"开始搭接；（旧图集为"$\geqslant$0"）

搭接区长度："$\geqslant l_{lE}$（$\geqslant l_l$）"；旧图集为"$\geqslant 1.2 l_{aE}$（$\geqslant 1.2 l_a$）"

相邻搭接区净距："$\geqslant 0.3 l_{lE}$（$\geqslant 0.3 l_l$）"（旧图集为"500mm"）

"机械连接"：

距楼板顶面基础顶面"$\geqslant$500mm"，相邻连接点间距"35d"。（同旧图集）

"焊接"：（新增）

距楼板顶面基础顶面"$\geqslant$500mm"，相邻连接点间距"35d 且$\geqslant$500mm"。

注：

搭接长度范围内，约束边缘构件阴影部分、构造边缘构件、扶壁柱及非边缘暗柱的箍筋直径应不小于纵向搭接钢筋最大直径的 0.25 倍。箍筋间距不大于纵向搭接钢筋最小直径的 5 倍，且不大于 100mm。

2.3.37 剪力墙上起约束边缘构件纵筋构造（新增）

11G101—1 图集第 73 页，"剪力墙上起约束边缘构件纵筋构造"：

约束边缘构件纵筋直锚入下方剪力墙"$1.2 l_{aE}$"。

2.3.38 连梁 LL 配筋构造的一点改变

11G101—1 图集第 74 页，"连梁 LL 配筋构造"。（基本同旧图集）

不同之处：

端支座标注的弯锚水平段长度"$\leqslant l_{aE}$（l_a）或$\leqslant 600mm$"时弯锚，弯折段"$15d$"

（旧图集在此处还有标注"$\geqslant 0.4 l_{aE}$（$\geqslant 0.4 l_a$）"）

2.3.39　剪力墙 BKL 或 AL 与 LL 重叠时配筋构造

11G101—1 图集第 75 页，"剪力墙 BKL 或 AL 与 LL 重叠时配筋构造"

（11G101—1 图中通长的梁为 BKL 或 AL，与连梁 LL 重叠设置）

1. 从"1—1"断面图可以看出，重叠部分的梁上部纵筋

第一排上部纵筋为 BKL 或 AL 的上部纵筋。

第二排上部纵筋为"连梁上部附加纵筋，当连梁上部纵筋计算面积大于边框梁或暗梁时需设置"。

当为 AL 时，重叠部分的 LL 箍筋兼作 AL 箍筋。

连梁上、下部纵筋的直锚长度为"$\geqslant l_{aE}$（l_a）且$\geqslant 600mm$"。

2. 本页给出两个图，分别是"顶层 BKL 或 AL"和"楼层 BKL 或 AL"

楼层连梁箍筋仅在洞口设置；

顶层连梁箍筋在整个纵筋范围设置。

3. 在顶层和中间楼层的 BKL 或 AL 端支座上都标注"节点做法同框架结构"

所不同之处：图中顶层梁端支座处，梁上部纵筋下弯的长度较长。

2.3.40　连梁配筋构造

11G101—1 图集第 76 页，"连梁配筋构造"

"连梁交叉斜筋配筋构造"

南"折线筋"和"对角斜筋"组成。锚固长度均为"$\geqslant l_{aE}$（l_a）且$\geqslant 600mm$"。

注：

1."交叉斜筋配筋连梁的对角斜筋在梁端部位应设置拉筋，具体值见设计标注。"

2."连梁集中对角斜筋配筋构造"

仅有"对角斜筋"。锚固长度为"$\geqslant l_{aE}$（l_a）且$\geqslant 600mm$"。

3."集中对角斜筋配筋连梁应在梁截面内沿水平方向及竖直方向设置双向拉筋，拉筋应钩住外侧纵向钢筋，间距不应大于 200mm，直径不应小于 8mm。"

4."连梁对角暗撑配筋构造"

每根暗撑由纵筋、箍筋和拉筋组成。纵筋锚固长度为"$\geqslant l_{aE}$（l_a）且$\geqslant 600mm$"。

5."对角暗撑配筋连梁中暗撑箍筋的外缘沿梁截面宽度方向不宜小于梁宽的一半，另一方向不宜小于梁宽的 1/5；对角暗撑约束箍筋肢距不应大于 350mm。"

6. 当洞口连梁截面宽度不小于 250mm 时，可采用交叉斜筋配筋；当连梁截面宽度不小于 400mm 时，可采用集中对角斜筋配筋或对角暗撑配筋。

7. 交叉斜筋配筋连梁、对角暗撑配筋连梁的水平钢筋及箍筋形成的钢筋网之间应采用拉筋拉结，拉筋直径不宜小于 6mm，间距不宜大于 400mm。

2.3.41　悬挑板统称为 XB

11G101—1 图集第 36 页，"有梁楼盖平法施工图制图规则"关于板块集中标注的内容

指出，"板块编号按表 5.2.1 的规定"，而表 5.2.1 只给出了三种板块编号：

楼面板 LB、屋面板 WB、悬挑板 XB。

（在旧图集中，XB 为"纯悬挑板"，YXB 为"延伸悬挑板"。新图集取消了"延伸悬挑板"和"纯悬挑板"在板块编号上的区别，而在实际工程中，这两种板块却是真实存在的。在今后的施工图中，在同一的 XB 板块编号之下，施工人员和预算人员只能根据具体的配筋构造来区分到底是"延伸悬挑板"还是"纯悬挑板"）

新图集还取消了旧图集的"板挑檐 TY 构造"（悬挑板端部钢筋在檐板内连接构造）、"悬挑阴角附加筋 Cis 构造"。

2.3.42　贯通筋的"隔一布一"方式

11Gl01—1 图集第 37 页，关于贯通纵筋的集中标注时指出：

当贯通筋采用两种规格钢筋"隔一布一"方式时，表达为 ΦXX/YY@XXX，表示直径为 XX 的钢筋和直径为 YY 的钢筋二者之间间距为 XXX，直径 XX 的钢筋的间距为 XXX 的 2 倍，直径 yy 的钢筋的间距为 XXX 的 2 倍。

【例】　有一楼面板块注写为：LB5 h＝110

B：X Φ 10/12@100；Y Φ 10@110

表示 5 号楼面板，板厚 110mm，板下部配置的贯通纵筋 X 向为 Φ 10、Φ 12 隔一布一，Φ 10 与 Φ 12 之间间距为 100mm；Y 向为 Φ 10@110；板上部未配置贯通纵筋。

2.3.43　有梁楼盖的其他注意事项

11G101—1 图集第 40 页的"其他"事项指出：

5.4.1　板上部纵向钢筋在端支座（梁或圈梁）的锚固要求，本图集标准构造详图中规定：当设计按铰接时，平直段伸至端支座对边后弯折，且平直段长度 $\geqslant 0.35 l_{ab}$，弯折段长度 15d（d 为纵向钢筋直径）；当充分利用钢筋的抗拉强度时，直段伸至端支座对边后弯折，且平直段长度 $\geqslant 0.6 l_{ab}$，弯折段长度 15d。设计者应在平法施工图中注明采用何种构造，当多数采用同种构造时可在图注中写明，并将少数不同之处在图中注明。

5.4.2　板纵向钢筋的连接可采用绑扎搭接、机械连接或焊接，其连接位置详见本图集中相应的标准构造详图。当板纵向钢筋采用非接触方式的绑扎搭接连接时，其搭接部位的钢筋净距不宜小于 30mm，且钢筋中心距不应大于 $0.2 l_l$ 及 150mm 的较小者。

注：非接触搭接使混凝土能够与搭接范围内所有钢筋的全表面充分粘接，可以提高搭接钢筋之间通过混凝土传力的可靠度。

2.3.44　无梁楼盖新增了暗梁的集中标注和原位标注

11G101—1 图集第 43 页

6.4　暗梁的表示方法

6.4.1　暗梁平面注写包括暗梁集中标注、暗梁支座原位标注两部分内容。施工图中在柱轴线处画中粗虚线表示暗梁。

6.4.2　暗梁集中标注包括暗梁编号、暗梁截面尺寸（箍筋外皮宽度×板厚）、暗梁箍筋、暗梁上部通长筋或架立筋四部分内容。暗梁编号按表6.4.2，其他注写方式同本规则第4.2.3条。

暗梁编号   表 6.4.2

构件类型	代号	序号	跨数及有无悬挑
暗梁	AL	××	(××)、(××A)或(××B)

注：1. 跨数按柱网轴线计算（两相邻柱轴线之间为一跨）。
     2. (××A) 为一端有悬挑，(××B) 为两端有悬挑，悬挑不计入跨数。

6.4.3　暗梁支座原位标注包括梁支座上部纵筋、梁下部纵筋。当在暗梁上集中标注的内容不适用于某跨或某悬挑端时，则将其不同数值标注在该跨或该悬挑端，施工时按原位注写取值。注写方式同本规则第4.2.4条。

6.4.4　当设置暗梁时，柱上板带及跨中板带标注方式与本规则第6.2、6.3节一致。柱上板带标注的配筋仅设置在暗梁之外的柱上板带范围内。

6.4.5　暗梁中纵向钢筋连接、锚固及支座上部纵筋的伸出长度等要求同轴线处柱上板带中纵向钢筋。

2.3.45　无梁楼盖的其他注意事项

11G101—1图集第44页的"其他"事项指出：

6.5.1　无梁楼盖跨中板带上部纵向钢筋在端支座的锚固要求，本图集标准构造详图中规定：当设计按铰接时，平直段伸至端支座对边后弯折，且平直段长度$\geq 0.35 l_{ab}$，弯折段长度$15d$（d为纵向钢筋直径）；当充分利用钢筋的抗拉强度时，直段伸至端支座对边后弯折，且平直段长度$\geq 0.6 l_{ab}$，弯折段长度$15d$。设计者应在平法施工图中注明采用何种构造，当多数采用同种构造时可在图注中写明，并将少数不同之处在图中注明。

6.5.2　板纵向钢筋的连接可采用绑扎搭接、机械连接或焊接，其连接位置详见本图集中相应的标准构造详图。当板纵向钢筋采用非接触方式的绑扎搭接连接时，其搭接部位的钢筋净距不宜小于30mm，且钢筋中心距不应大于$0.2 l_l$及150mm的较小者。

注：非接触搭接使混凝土能够与搭接范围内所有钢筋的全表面充分粘接，可以提高搭接钢筋之间通过混凝土传力的可靠度。

6.5.3　本章关于无梁楼盖的板平法制图规则，同样适用于地下室内无梁楼盖的平法施工图设计。

2.3.46　有梁楼盖楼（屋）面板配筋构造

11G101—1图集第92页，"有梁楼盖楼（屋）面板配筋构造"
本页有两部分内容：
1."有梁楼盖楼面板 LB 和屋面板 WB 钢筋构造"（括号内的锚固长度l_a用于梁板式转换层的板）

新图集与旧图集的不同点：
(1) 采用净跨长度l_n而不是l_0；

（2）第一根上部纵筋或下部纵筋的布筋位置"距梁边为 1/2 板筋间距"，而不是"距梁角筋为 1/2 板筋间距"；

（3）扣筋高度取消了"$h-15$"的标注，而且在图中扣筋腿不搁置在板底模上。

【讨论】扣筋腿的高度向来有两种意见：一种为板厚度减一倍保护层，另一种为板厚度减两倍保护层。03G101—1 定为"$h-15$"（现在板的保护层不一定是 15mm）；09G901—4 采用不置可否的说法"由设计方会同施工方确定"。现在新图集没有给出具体答案，可能也表示"设计方会同施工方确定"吧。

2. "在端支座的锚固构造"（括号内的锚固长度 l_a 用于梁板式转换层的板）

（a）端部支座为梁：

上部纵筋"在梁角筋内侧弯钩"，弯锚平直段长度："设计按铰接时：$\geqslant 0.35 l_{ab}$；充分利用钢筋的抗拉强度时：$\geqslant 0.6 l_{ab}$"；弯折段长度："$15d$"。（旧图集为"弯锚长度 l_a"）

下部纵筋直锚长度："$\geqslant 5d$ 且至少到梁中线"。（同旧图集）

（b）端部支座为剪力墙：

上部纵筋"在墙外侧水平分布筋内侧弯钩"，弯锚平直段长度："$\geqslant 0.4 l_{ab}$"；弯折段长度："$15d$"。（旧图集"弯锚长度 l_a"）

下部纵筋直锚长度："$\geqslant 5d$ 且至少到墙中线"。（同旧图集）

（c）端部支座为砌体墙的圈梁：

上部纵筋"在圈梁角筋内侧弯钩"，弯锚平直段长度："设计按铰接时：$\geqslant 0.35 l_{ab}$；充分利用钢筋的抗拉强度时：$\geqslant 0.6 l_{ab}$"；弯折段长度："$15d$"。（旧图集"弯锚长度 l_a"）

下部纵筋弯锚长度："$\geqslant 5d$ 且至少到梁中线"。（同旧图集）

（d）端部支座为砌体墙：

板的支承长度："$\geqslant 120$，$\geqslant h$，$\geqslant$ 墙厚/2"。（旧图集"$\geqslant 120$，$\geqslant h$"）

上部纵筋弯锚平直段："$\geqslant 0.35 l_{ab}$"；弯折段长度："$15d$"。（旧图集无标注）

注：

1. 除本图所示搭接连接外，板纵筋可采用机械连接或焊接连接。接头位置：上部钢筋见本图所示连接区，下部钢筋宜在距支座 1/4 净跨内。

2. 板位于同一层面的两向交叉纵筋何向在下何向在上，应按具体设计说明。（同旧图集）

3. 纵筋在端支座应伸至支座（梁、圈梁或剪力墙）外侧纵筋内侧后弯折，当直段长度 $\geqslant l_a$ 时可不弯折。

2.3.47 单（双）向板配筋示意

11G101—1 图集第 94 页，"单（双）向板配筋示意"

"分离式配筋"：

配筋特点：下部受力钢筋为贯通纵筋，上部受力钢筋为扣筋，上部中央可能配置抗裂、抗温度钢筋。

下部受力钢筋的上面布置分布钢筋（下部受力钢筋）；上部受力钢筋的下面布置分布钢筋。（括号内的配筋为"双向"时采用）

"部分贯通式配筋"：

配筋特点：下部受力钢筋为贯通纵筋，上部受力钢筋为贯通纵筋，还可能再配置非贯通纵筋（扣筋），例如采用"隔一布一"方式布置。

下部受力钢筋的上面布置分布钢筋（下部受力钢筋）；上部受力钢筋的下面布置分布钢筋（另一方向贯通钢筋）。（括号内的配筋为"双向"时采用）

注：

1. 抗裂构造钢筋自身及其与受力主筋搭接长度为 150mm，抗温度筋自身及其与受力主筋搭接长度为 l_l。

2. 板上下贯通筋可兼作抗裂构造筋和抗温度筋。当下部贯通筋兼作抗温度筋时，其在支座的锚固由设计者确定。

3. 分布筋自身及与受力主筋、构造钢筋的搭接长度为 150mm；当分布筋兼作抗温度筋时，其自身及与受力主筋、构造钢筋的搭接长度为 l_l；其在支座的锚固按受拉要求考虑。

4. 其余要求见本图集第 92 页。

2.3.48　悬挑板 XB 钢筋构造

11G101—1 图集第 95 页，"悬挑板 XB 钢筋构造"

"悬挑板 XB 钢筋构造"。（即旧图集的"YXB"与"XB"钢筋构造）

（除了下述 2 条外，其余同旧图集）

1. 第一根上部或下部钢筋"距梁边为 1/2 板筋间距"。

2. 悬挑板上部纵筋伸至尽端下弯至板底之后，不再"回弯 5d"。

2.3.49　无支撑板端部封边构造

11G101—1 图集第 95 页，"无支撑板端部封边构造"（新增）

（当板厚≥150mm 时）

1. 板端加套 U 形封口钢筋

封口钢筋与上部或下部纵筋搭接长度"≥15d 且≥200mm"。

2. 上部纵筋在板端交叉搭接

上部纵筋在板端下弯到板底，下部纵筋在板端下弯到板顶。

11G101—1 图集第 95 页，"折板配筋构造"

配筋特点：一向纵筋从交叉点伸到另一板内的弯锚长度"≥l_a"。

2.3.50　无梁楼盖柱上板带 ZSB 与跨中板带 KZB 纵向钢筋构造

11G101—1 图集第 96 页，"无梁楼盖柱上板带 ZSB 与跨中板带 KZB 纵向钢筋构造"（同旧图集）

注：

抗震设计时，无梁楼盖柱上板带内贯通纵筋搭接长度应为 l_{lE}。无柱帽柱上板带的下部贯通纵筋，宜在距柱面 2 倍板厚以外连接，采用搭接时钢筋端部宜设置垂直于板面的弯钩。

2.3.51　板带端支座纵向钢筋构造

11G101—1 图集第 97 页，"板带端支座纵向钢筋构造"

1. 柱上板带

上部纵筋"在梁角筋内侧弯钩"（弯锚）

弯锚的平直段长度：非抗震设计≥$0.6l_{ab}$。

抗震设计≥$0.6l_{abE}$。

弯折段长度：15d。

（旧图集：上部纵筋"在边梁角筋内侧弯钩"，弯锚长度"≥l_a"）

2. 跨中板带

上部纵筋"在梁角筋内侧弯钩"（弯锚）

弯锚的平直段长度：设计按铰接时：≥$0.35l_{ab}$。

充分利用钢筋的抗拉强度时：≥$0.6l_{ab}$。

弯折段长度：15d。

下部纵筋直锚长度"12d且至少到梁中线"。（同旧图集）

（旧图集上部纵筋"在边梁角筋内侧弯钩"，弯锚长度"≥l_a"）

2.3.52 柱上板带暗梁钢筋构造

11G101—1图集第97页，"柱上板带暗梁钢筋构造"（新增）

"柱上板带暗梁钢筋构造"（纵向钢筋做法同柱上板带钢筋）：

箍筋从柱外侧50mm开始布置。

箍筋加密区长度：从柱外侧算起"3h"（h为板厚度）。

"A—A"断面图：

下注"（暗梁配筋详见设计）"。

注：

1. 本图板带端支座纵向钢筋构造、板带悬挑端纵向钢筋构造同样适用于无柱帽的无梁楼盖，且仅用于中间楼层。屋面处节点构造由设计者补充。

2. 柱上板带暗梁仅用于无柱帽的无梁楼盖，箍筋加密区仅用于抗震设计时。

3. 其余要求见本图集第96页。

4. 图中"设计按铰接时"、"充分利用钢筋的抗拉强度时"由设计指定。

2.3.53 后浇带 HJD

11G101—1图集第47页

7.2.2 后浇带 HJD 的引注

1. 留筋方式：贯通留筋（代号GT），100％搭接留筋（代号100％）。

（取消了"50％搭接留筋"）

2. 后浇混凝土的强度等级 Cxx。宜采用补偿收缩混凝土，设计应注明相关施工要求。

（旧图集：后浇混凝土的强度等级应高于所在板的混凝土强度等级，且应采用不收缩或微膨胀混凝土，设计应注明相关施工要求）

3. 当后浇带区域留筋方式或后浇混凝土强度等级不一致时，设计者应在图中注明与图示不一致的部位及做法。

11G101—1图集第98页，"后浇带 HJD 钢筋构造"

"板后浇带 HJD 贯通留筋钢筋构造"：

HJD范围"≥800mm"（新图集的所有钢筋理解为原先绑扎好的钢筋）。

［旧图集中"黑点"（横向钢筋）引注为"后绑扎钢筋"，新图集无此说明］

"板后浇带 HJD100％搭接留筋钢筋构造"：

HJD 范围"≥（l_l＋60）且≥800mm"。

纵筋搭接长度"≥l_l"，在混凝土接茬外侧"≥30mm"处开始搭接。

以下各种 HJD 钢筋构造同"板 HJD"相关构造：

"墙后浇带 HJD 贯通留筋钢筋构造"。（新增）

"墙后浇带 HJD100％搭接留筋钢筋构造"。（新增）

"梁后浇带 HJD 贯通留筋钢筋构造"。（新增）

"梁后浇带 HJD100％贯通留筋钢筋构造"。（新增）

2.3.54　板加腋构造

11G101－1 图集第 99 页，"板加腋构造"

1. 板下部加腋

图中引注加腋部位的纵向钢筋和横向钢筋为"同板下部同向钢筋"。

2. 板上部加腋

图中引注加腋部位的纵向钢筋和横向钢筋为"同板上部同向钢筋"。

（旧图集的引注为"同板下部同向钢筋"）

2.3.55　板开洞 BD

在 11G101－1 图集第 49 页关于"板开洞 BD"的规定中指出：

当矩形洞口边长或圆形洞口直径小于或等于 1000mm，且当洞边无集中荷载作用时，洞边补强钢筋可按标准构造的规定设置，设计不注；当洞口周边加强钢筋不伸至支座时，应在图中画出所有加强钢筋，并标注不伸至支座的钢筋长度。当具体工程所需要的补强钢筋与标准构造不同时，设计应加以注明。

当矩形洞口边长或圆形洞门直径大于 1000mm，或虽小于或等于 1000mm 但洞边有集中荷载作用时，设计应根据具体情况采取相应的处理措施。

11G101－1 第 101 页、第 102 页，板开洞 BD 与洞边加强钢筋构造（洞边无集中荷载）

"矩形洞边长或圆形洞直径不大于 300mm 时钢筋构造"

"洞边被切断钢筋端部构造"。（2 图）

（洞口位置设置上下部钢筋）：不设洞边补强钢筋。

（洞口位置未设置上部钢筋）："补加一根分布筋伸出洞边 150mm"。

与旧图集的不同点：旧图集在洞口上下设置"补强钢筋"，而新图集在洞口上下只有普通钢筋（分布筋）。

"矩形洞边长和圆形洞直径大于 300mm 但不大于 1000mm 时补强钢筋构造"：

"板中开洞"（方洞）。（"井字双筋"同旧图集）

"板中开洞"（圆洞）："井字双筋"同旧图集，但取消"四角斜筋"，代之以"环向补强钢筋"——"环向补强钢筋搭接 $1.2l_a$"。

"梁边或墙边开洞"（方洞）。（"Ⅱ 字双筋"同旧图集）

"梁边或墙边开洞"（方洞）："Π 字双筋"同旧图集，但取消"四角斜筋"，代之以"环向补强钢筋"——"环向补强钢筋搭接 1.2l_a"。

"洞边被切断钢筋端部构造"。（2 图）

矩形洞口设置补强钢筋。

圆形洞口设置环向补强钢筋。

第 102 页注：

1. 当设计注写补强钢筋时，应按注写的规格、数量与长度值补强。当设计未注写时，X 向、Y 向分别按每边配置两根直径不小于 12mm 且不小于同向被切断纵向钢筋总面积的 50% 补强，补强钢筋与被切断钢筋布置在同一层面，两根补强钢筋之间的净距为 30mm；环向上下各配置一根直径不小于 10mm 的钢筋补强。

2. 补强钢筋的强度等级与被切断钢筋相同。

3. X 向、Y 向补强纵筋伸入支座的锚固方式同板中钢筋，当不伸入支座时，设计应标注。

2.3.56 悬挑板阳角放射筋 Ces

在 11G101—1 图集第 50 页关于"角部加强筋 Crs"的规定中指出：

角部加强筋通常用于板块角区的上部，根据规范规定的受力要求选择配置。角部加强筋将在其分布范围内取代原配置的板支座上部非贯通纵筋，且当其分布范围内配有板下部贯通纵筋时则间隔布置。

11G101—1 图集第 103 页，"悬挑板阳角放射筋 Ces 构造"

（延伸悬挑板左图）标注："l_x 与 l_y 之较大者且 ≥l_a"

（旧图集为"≥l_x 与 l_y 之较大者"）

（延伸悬挑板右图）画出：放射筋在支座和跨内置于最下面。（见注 2）

（纯悬挑板图）。（基本同旧图集）

（增加）纯悬挑板放射筋在支座上的弯锚水平段"≥0.6l_{ab}"。

弯折段长度"15d"。

注：

1. 悬挑板内，①～③筋应位于同一层面。

2. 在支座和跨内，①号筋应向下斜弯到②号与③号筋下面与两筋交叉并向跨内平伸。（作者注：①号筋为悬挑板阳角放射筋）

（可参考旧图集的"注 4"）

（4. 向下斜弯再向跨内平伸构造详见第 24 页同层面受力钢筋交叉构造。）

（旧图集第 21 页"同层面受力钢筋交叉构造"：一向受力钢筋斜弯并平伸到另一受力钢筋的下面）

（作者注：大家也不妨对比一下另一个做法）

09G901—4 第 2—22～2—26 的注中："悬挑板外转角位置放射钢筋③位于上层，设计、施工时应注意③钢筋排布对悬挑板局部钢筋实际高度位置的影响。"

2.3.57 板翻边 FB

在 11G101—1 图集第 50 页关于"板翻边 FB"的规定中指出：

板翻边可为上翻也可为下翻，翻边尺寸等在引注内容中表达，翻边高度在标准构造详图中为小于或等于 300mm，当翻边高度大于 300mm 时，由设计者自行处理（新图集取消了"板挑檐"构造）。

看了图 7.2.7 以后，发现一个问题：

图中的引注：旧图集有下部贯通纵筋和上部贯通纵筋的标注"B$x\phi xx$；T$x\phi xx$"——但新图集中没有。（不知为什么？）

11G101—1 图集第 104 页，"板翻边 FB 构造"（改动较大）

下翻边（仅上部配筋）：

上部钢筋伸至端部下弯到翻边底部，再弯折。（取消了旧图集的"回弯 5d"）

上翻边（仅上部配筋）：

上部钢筋伸至端部向下弯折并截断；另加"S"形的两道弯折钢筋，弯锚入板内"l_a"。（取消了旧图集的上翻边钢筋"回弯 5d"的做法）

（也取消了传统的"上部钢筋连续弯折通到上翻边顶部"的做法）

下翻边（上、下部均配筋）：

上部钢筋伸至端部下弯到翻边底部，再弯折，然后截断；另加"S"形的两道弯折钢筋，弯锚入板内"l_a"，此筋另一端与上部钢筋的弯折段搭接。

上翻边（上、下部均配筋）：

下部钢筋伸至端部上弯到翻边顶部，再弯折，然后截断；另加"S"形的两道弯折钢筋，弯锚入板内"l_a"，此筋另一端与下部钢筋的弯折段搭接。

2.3.58 柱帽 ZMa、ZMb、ZMc、ZMab 构造

11G101—1 图集第 105 页，"柱帽 ZMa、ZMb、ZMc、ZMab 构造"

"单倾角柱帽 ZMa 构造"：

柱帽斜筋下端直锚"$\geqslant l_{aE}$（$\geqslant l_a$）"；上端伸至板顶部后弯折"15d"，并引注"伸入板中直线长度$\geqslant l_{aE}$（$\geqslant l_a$）时可不弯折"。（旧图集：上端也直锚）

"托板柱帽 ZMb 构造"：

柱帽"U"形筋伸至板顶部后弯折"15d"。

"变倾角柱帽 ZMc 构造"：

柱帽含两种直筋，其直锚长度都是"$\geqslant l_{aE}$（$\geqslant l_a$）"。在板内的直锚处引注"不能满足时，伸至板顶弯折，弯折段长度 15d"。（旧图集无此引注）

"倾角联托板柱帽 ZMab 构造"：

柱帽含两种钢筋：

1. 柱帽"U"形筋伸至板顶部后弯折"15d"；

2. 柱帽直筋在板内和柱内直锚，其直锚长度都是"$\geqslant l_{aE}$（$\geqslant l_a$）"。在板内的直锚处引注"不能满足时，伸至板顶弯折，弯折段长度 15d"。

（旧图集：无"U"形筋，而用较小的"L"形筋代替——每边长 12d）

2.3.59 抗冲切箍筋 Rh 和抗冲切弯起筋 Rb 构造

11G101—1 图集第 106 页，"抗冲切箍筋 Rh 构造"

箍筋加密区长度"1.5h_0"。（旧图集为"$\geqslant 1.5h_0$"）

箍筋自柱边"50mm"开始布置，箍筋间距"≤100mm≤$h_0/3$"。（旧图集无100mm）（取消了旧图集的节点核心区的暗梁及暗梁箍筋大样图）

11G101—1图集第106页，"抗冲切弯起筋 Rb 构造"

反弯筋的斜角"30°～45°"。（旧图集为"45°"）

引注"冲切破坏的斜截面"。（旧图集为"冲切破坏锥体的斜截面"）

新图集增加：

柱边"$h/2$"、"$2h/3$"的范围标注；并在上述范围之间引注"弯起钢筋倾斜段和冲切破坏的斜截面的交点应落在此范围内"。

2.3.60 11G101—2 楼梯类型的变动

《高层建筑混凝土结构技术规程》对楼梯的要求

11G101—2（现浇混凝土板式楼梯）有较大的改进。这源自2010年新规范的提高结构抗震性能和抗倒塌的要求。

《高层建筑混凝土结构技术规程》（JGJ 3—2010）（以下简称高规）的第6章增加了楼梯间的设计要求。

（见第6.1.4、6.1.5条）

第6.1.4条：抗震设计时，框架结构的楼梯间应符合下列要求：

1. 楼梯间的布置应尽量减小其造成的结构平面不规则。

2. 宜采用现浇钢筋混凝土楼梯，楼梯结构应有足够的抗倒塌能力。

3. 宜采取措施减小楼梯对主体结构的影响。

4. 当钢筋混凝土楼梯与主体结构整体连接时，应考虑楼梯对地震作用及其效应的影响，并应对楼梯构件进行抗震承载力验算。

本条为新增加内容。

2008年汶川地震震害进一步表明，框架结构中的楼梯及周边构件破坏严重。本次修订增加了楼梯的抗震设计要求。

抗震设计时，楼梯间为主要疏散通道，其结构应有足够的抗倒塌能力，楼梯应作为结构构件进行设计。框架结构中楼梯构件的组合内力设计值应包括与地震作用效应的组合，楼梯梁、柱的抗震等级应与所在的框架结构本身相同。

框架结构中，钢筋混凝土楼梯自身的刚度对结构地震作用和地震反应有着较大的影响。若其位置布置不当会造成结构平面不规则，抗震设计时应尽量避免出现这种情况。

震害调查中发现框架结构中的楼梯板破坏严重，被拉断的情况非常普遍。因此应进行抗震设计，并加强构造措施，宜采用双排配筋。

（以上为《高规》的"条文说明"内容）

第6.1.5条：抗震设计时，砌体填充墙及隔墙应具有自身稳定性，并应符合下列规定：

4. 楼梯间采用砌体填充墙时，应设置间距不大于层高且不大于4m的钢筋混凝土构造柱，并应采用钢丝网砂浆面层加强。

……

2008年汶川地震中，框架结构中的砌体填充墙破坏严重。本次修订明确了用于填充墙的砌块强度等级，提高了砌体填充墙与主体结构的拉结要求、构造柱设置要求以及楼梯间砌体墙的构造要求。

（以上为《高规》的"条文说明"内容）

（新图集楼梯包含11种类型）

11G101—2图集楼梯包含11种类型，详见下表。各梯板截面形状与支座位置示意图见本图集第11～15页。

楼梯类型

梯板代号	适用范围		是否参与结构整体抗震计算	结构特点
	抗震构造措施	适用结构		
AT	—	—	—	全部为踏步段
BT	无	框架、剪力墙、砌体结构	不参与	低端平板＋踏步段
CT	—	—	—	踏步段＋高端平板
DT	无	框架、剪力墙、砌体结构	不参与	低端平板＋踏步段＋高端平板
ET	—	—	—	踏步段＋中位平板＋踏步段
FT	无	框架、剪力墙、砌体结构	不参与	楼层平板、层间平板均三边支承
GT		框架结构		楼层平板三边支承
HT	无	框架、剪力墙、砌体结构	不参与	层间平板三边支承
ATa			不参与	低端滑动支座支承于梯梁上
ATb	有	框架结构	不参与	低端滑动支座支承"于"梯梁的挑板上
ATc			参与	梯板两侧设置暗梁

从楼梯类型的变化看结构的增强

1. 新增ATa、ATb、ATc 3种有抗震构造措施的楼梯类型：

ATa、ATb、ATc均用于抗震设计，设计者应指定楼梯的抗震等级。

其中，ATc型楼梯参与结构整体抗震计算。

2. 加强了梯板的构造措施，包括：

FT～HT型梯板当梯板厚度$h \geqslant 150$mm时采用双层配筋（即上部纵筋贯通设置）。

ATa、ATb、ATc型梯板采用双层双向配筋。

ATa、ATb型梯板两侧设置附加钢筋。

ATc型梯板两侧设置边缘构件（暗梁）。

3. 现在的"HT型楼梯"就是旧图集的"KT型楼梯"。

取消了旧图集的HT（层间平板三边支承、楼层平板单边支承）。

取消了旧图集的JT（层间平板、楼层平板均为单边支承）。

取消了旧图集的LT（层间平板单边支承）。

可见，现在提倡平台板三边支承，这也是结构抗震的需要。

4. 新图集的梯板支座上部纵筋纳入梯板集中标注。

AT 型楼梯集中标注的内容（举例）如下：

AT1，$h=120mm$ 梯板类型及编号，梯板板厚

1800/12 踏步段总高度/踏步级数

Φ10@200；Φ12@150 上部纵筋；下部纵筋

FΦ8@250 梯板分布筋（可统一说明）

而旧图集却是："上部纵筋设计不注，施工按标准图集规定"、"按下部纵筋的 1/2，且不小于 Φ8@200"。

旧图集的这一规定，不仅表现了对梯板（踏步段）上部纵筋的不重视，而且给施工和预算人员在计算梯板（踏步段）上部纵筋的时候带来了极大的困难。现在，新图集把梯板（踏步段）上部纵筋的钢筋标注交给设计人员负责，可见新图集加强了梯板支座上部纵筋的设计要求，这也是加强楼梯抗震的一项重要措施；同时，施工和预算人员不再为计算梯板（踏步段）上部纵筋而犯难了。

2.3.61 各类型楼梯配筋构造与旧图集有哪些不同

AT 型楼梯板配筋构造

11G101—2 图集第 20 页，"AT 型楼梯板配筋构造"

下部纵筋、上部纵筋、梯板分布筋配筋形状同旧图集，

但端部尺寸标注有所不同：   （旧图集）

下部纵筋锚固长度："$\geq 5d$ 且至少伸过支座中线"   "$\geq 5d$，$\geq h$"

下端上部纵筋锚固平直段："$\geq 0.35l_{ab}$（$\geq 0.6l_{ab}$）"   总锚长 "$\geq l_a$"

弯折段："$15d$"

上端上部纵筋锚固平直段："$\geq 0.35l_{ab}$（$\geq 0.6l_{ab}$）"   "$\geq 0.4l_a$"

弯折段："$15d$"   "$15d$"

"上部纵筋有条件时可直接伸入平台板内锚固 l_a"

注：

1. 当采用 HP300 光面钢筋时，除梯板上部纵筋的跨内端头做90°直角弯钩外，所有末端应做180°弯钩。（旧图集中已经画出"弯钩"）

2. 图中上部纵筋锚固长度 $0.35l_{ab}$ 用于设计按铰接的情况，括号内数据 $0.6l_{ab}$ 用于设计考虑充分发挥钢筋抗拉强度的情况，具体工程中设计应指明采用何种情况。

3. 部纵筋有条件时可直接伸入平台板内锚固，从支座内边算起总锚固长度不小于 l_a，如图中虚线所示。

4. 上部纵筋需伸至支座对边再向下弯折。（旧图集没有强调"伸至对边"）

BT 型楼梯板配筋构造

11G101—2 图集第 22 页，"BT 型楼梯板配筋构造"

（与旧图集不同处）：踏步段低端扣筋外伸水平投影长度：

新图集为 "$\geq 20d$"（旧图集为 "$\geq l_{sn}/5$"）。

CT 型楼梯板配筋构造

11G101—2 图集第 24 页，"CT 型楼梯板配筋构造"

（与旧图集不同处）：踏步段高端扣筋外伸水平投影长度：

虽然新图集和旧图集一样为"$\geqslant l_{sn}/5$"，但是新图集的尺寸起算点在第一踏步的下边缘处，而旧图集在扣筋的曲折拐点处。

DT 型楼梯板配筋构造

11G101—2 图集第 26 页，"DT 型楼梯板配筋构造"

（与旧图集不同处）：踏步段下端扣筋从低端平板分界处算起向段内伸出长度：

新图集为"$\geqslant 20d$"（旧图集为"$\geqslant l_{sn}/5$"）。

注：踏步段高端扣筋外伸出水平投影长度：

新图集和旧图集一样为"$\geqslant l_{sn}/5$"，而且尺寸起算点也在扣筋的曲折拐点处。

ET 型楼梯板配筋构造

11G101—2 图集第 28 页，"ET 型楼梯板配筋构造"

（与旧图集不同处）：低端踏步段、中位平板、高端踏步段均采用双层配筋：上部纵筋：低端踏步段与中位平板的上部纵筋为一根贯通筋，与高端踏步段的上部纵筋相交、直达板底；下部纵筋的配筋方式同旧图集：高端踏步段与中位平板的下部纵筋为一根贯通筋，与低端踏步段的下部纵筋相交、直达板顶。

而且，端部尺寸标注有所不同：

		（旧图集）
下部纵筋锚固长度："$\geqslant 5d$ 且至少伸过支座中线"		"$\geqslant 5d$，$\geqslant h$"
低端上部纵筋锚固平直段："$\geqslant 0.35 l_{ab}$（$\geqslant 0.6 l_{ab}$）"		总锚长 "$\geqslant l_a$"
弯折段："$15d$"		
高端上部纵筋锚固平直段："$\geqslant 0.35 l_{ab}$（$\geqslant 0.6 l_{ab}$）"		"$\geqslant 0.4 l_a$"
弯折段："$15d$"		"$15d$"

"上部纵筋有条件时可直接伸入平台板内锚固 l_a"。

FT 型楼梯板配筋构造

11G101—2 图集第 30、31 页，"FT 型楼梯板配筋构造"

（尤其重要的一点）："当 $h \geqslant 150mm$ 时上部纵筋贯通"。

（还有一点不同处）：踏步段低端扣筋外伸水平投影长度：

对于 FT（A—A）：新图集为"$\geqslant 20d$"（旧图集为"$\geqslant l_{sn}/5$"）

对于 FT（B—B）：新图集为"$\geqslant 20d$"（旧图集为"$\geqslant (l_{sn}+l_{fn})/5$"）

GT 型楼梯板配筋构造

11G101—2 图集第 33、34 页，"GT 型楼梯板配筋构造"

（尤其重要的一点）："当 $h \geqslant 150mm$ 时上部纵筋贯通"。

（与旧图集的不同处还有）：踏步段低端扣筋外伸水平投影长度：

对于 GT（A—A）：新图集为"$\geqslant 20d$"（旧图集为"$\geqslant (l_{sn}+l_{fn})/5$"）

对于 GT（B—B）：新图集为"$\geqslant 20d$"（旧图集为"$\geqslant l_{sn}/5$"）

HT 型楼梯板配筋构造

11G101—2 图集第 36、37 页，"HT 型楼梯板配筋构造"

（尤其重要的一点）："当 $h \geqslant 150mm$ 时上部纵筋贯通"。

（与旧图集的不同处还有）：踏步段扣筋外伸水平投影长度：

HT（A—A）：踏步段低端扣筋伸出长度"$\geqslant l_n/4$"

（旧图集为"$\geqslant (l_n - 0.6 l_{pn})/4$"）

踏步段高端扣筋伸出长度"$\geq l_{sn}/5$"（同旧图集）

HT（B—B）：踏步段低端扣筋伸出长度"$\geq l_{sn}/5$ 且$\geq 20d$"

（旧图集为"$\geq l_{sn}/5$"）

踏步段高端扣筋伸出长度"$\geq l_n/4$"

（旧图集为"$\geq (l_n-0.6l_{pn})/4$"）

C—C、D—D剖面楼梯平板配筋构造

11G101—2图集第38页，"C—C、D—D剖面楼梯平板配筋构造"

（与旧图集不同之处）：上部横向钢筋锚固水平段长度"$\geq 0.35l_{ab}$（$\geq 0.6l_{ab}$）"

（旧图集为"$\geq 0.4l_a$"）

本页注：

图中上部纵筋锚固长度$0.35l_{ab}$用于设计按铰接的情况，括号内数据$0.6l_{ab}$用于设计考虑充分发挥钢筋抗拉强度的情况。具体工程中设计应指明采用何种情况。

2.3.62　新增加了ATa～ATc型楼梯

ATa～ATc型楼梯截面形状与支座位置

11G101—2图集第15页，"ATa～ATc型楼梯截面形状与支座位置示意图"

构造特点：梯板全部由踏步段组成。梯板采用双层双向配筋。

ATa：梯板高端支承在梯梁上，梯板低端带滑动支座支承在梯梁上。

ATb：梯板高端支承在梯梁上，梯板低端带滑动支座支承在梯梁的挑板上。

ATc：梯板两端均支承在梯梁上。梯板两侧设边缘构件（暗梁）。

ATa型楼梯平面注写方式与适用条件

11G101—2图集第39页，"ATa型楼梯平面注写方式与适用条件"

在本页注中表达了ATa型楼梯的有关内容：

1.ATa型楼梯设滑动支座，不参与结构整体抗震计算；其适用条件为：两梯梁之间的矩形梯板全部由踏步段构成，即踏步段两端均以梯梁为支座，且梯板低端支承处做成滑动支座，滑动支座直接落在梯梁上。框架结构中，楼梯中间平台通常设梯柱、梁，中间平台可与框架柱连接。

2.（同AT）（关于梯板集中标注）。

3.（同AT）（关于分布筋注写）。

4.（同AT）（关于PTB、TL、TZ的标注）。

5.设计应注意：当ATa作为两跑楼梯中的一跑时，上下梯段平面位置错开一个踏步宽。

6.滑动支座做法由设计指定，当采用与本图集不同的做法时由设计另行给出。

（从上面的内容可以看出，ATa～ATc型楼梯除了具有抗震构造措施以外，在平法注写方式上与AT型楼梯有许多相似之处）

ATb型楼梯平面注写方式与适用条件

11G101—2图集第41页，"ATb型楼梯平面注写方式与适用条件"

在本页注中表达了ATb型楼梯的有关内容：

ATb型楼梯设滑动支座，不参与结构整体抗震计算；其适用条件为：两梯梁之间的矩形梯板全部由踏步段构成，即踏步段两端均以梯梁为支座，且梯板低端支承处做成滑动支座，滑动支座直接落在梯梁挑板上。框架结构中，楼梯中间平台通常设梯柱、梁，中间平台可与框架柱连接。

（其余同 ATa 型楼梯．只是少了 ATa 型楼梯的第 5 条）

ATc 型楼梯平面注写方式与适用条件

11G101—2 图集第 13 页，"ATc 型楼梯平面注写方式与适用条件"

在本页注中表达了 ATc 型楼梯的有关内容：

1. ATc 型楼梯设滑动支座，不参与结构整体抗震计算；其适用条件为：两梯梁之间的矩形梯板全部由踏步段构成，即踏步段两端均以梯梁为支座。框架结构中，楼梯中间平台通常设梯柱、梯梁，中间平台可与框架柱连接（2 个梯柱形式）或脱开（4 个梯柱形式），见图 1 与图 2。

2.（同 ATa 型楼梯）。

3.（同 ATa 型楼梯）。

4.（同 ATa 型楼梯）。

5. 楼梯休息平台与主体结构脱开连接避免框架柱形成短柱。

图 1："注写方式：标高 XXX～标高 XXX 楼梯平面图"（楼梯休息平台与主体结构整体连接）：休息平台下设置 2 个梯柱，3 道梯梁和平台板与框架柱连接。

图 2："注写方式：标高 XXX～标高 XXX 楼梯平面图"（楼梯休息平台与主体结构脱开连接）：休息平台下设置 4 个梯柱，所有梯梁和平台板与框架柱脱开。

2.3.63　在施工图总说明中与楼梯有关的注意事项

在 11G101—2 图集第 4 页，指出了在施工图总说明中与楼梯有关的注意事项：

1. 0.8　为了确保施工人员准确无误地按平法施工图施工，在具体工程的结构设计总说明中必须写明以下与平法施工图密切相关的内容：

2. 当采用机械锚固形式时，设计者应指定机械锚固的具体形式、必要的构件尺寸以及质量要求。

3. 当选用 ATa、ATb 或 ATc 型楼梯时，设计者应根据具体工程情况给出楼梯的抗震等级。

4. 当标准构造详图有多种可选择的构造做法时，写明在何部位选用何种构造做法。

梯板上部纵向钢筋在端支座的锚固要求，本图集标准构造详图中规定：当设计按铰接时，平直段伸至端支座对边后弯折，且平直段长度不小于 $0.35l_{ab}$，弯折段长度 $15d$（d 为纵向钢筋直径）；当充分利用钢筋的抗拉强度时，直段伸至端支座对边后弯折，且平直段长度不小于 $0.6l_{ab}$，弯折段长度 $15d$。设计者应在平法施工图中注明采用何种构造，当多数采用同种构造时，可在图注中写明，并将少数不同之处在图中注明。

5. 当选用 ATa 或 ATb 型楼梯时，应指定滑动支座的做法。当采用与本图集不同的构造做法时，由设计者另行处理。

2.3.64　条形基础的"基础梁"和筏形基础的"基础主梁"共用 71～75 页面

11G101 图集与 03G101 图集在版面上的区别之一，是页面外侧边缘增设了书签目录。而 11G101—3 图集把这种页面书签目录应用到极致，这是我们在阅读图集时不得不注意的。正因为采用了这种技术，使 11G101—3 图集不但浓缩了筏形基础、条形基础、独立基础和桩基承台图集，而且使条形基础的"基础梁"和筏形基础的"基础主梁"共同使用 11G101—3 图集的第 71～75 页面（基础梁的各种构造详图）。

为了让筏形基础的"基础主梁"能够采用条形基础的"基础梁"的构造页面，11G101—3 图集把 04G101—3 图集"基础主梁 JZL"的编号改成"JL"，以便与条形基础的"基础梁 JL"达成编号上的一致。筏形基础的"基础次梁 JCL"的编号仍然保持不变。

2.3.65　在各种基础的集中标注中采用"基础底面标高"

11G101—3 图集在各种基础的集中标注中采用"基础底面标高"，而不是 04G101—3 和 06G101—6 图集中的"基础底面相对标高高差"。

一、独立基础的集中标注

11G101—3 图集第 7 页，"独立基础集中标注"

4. 注写基础底面标高（选注内容）。当独立基础的底面标高与基础底面基准标高不同时，应将独立基础底面标高直接注写在"（　　）"内。

（旧图集采用的是"基础底面相对标高高差"）

二、条形基础的集中标注

11G101—3 图集第 22 页，"条形基础梁的集中标注"

4. 注写基础梁底面标高（选注内容）。当条形基础的底面标高与基础底面基准标高不同时，将条形基础底面标高注写在"（　　）"内。

〔旧图集为：注写基础梁底面相对标高高差（选注内容）。当条形基础的底面标高与基础底面基准标高不同时，将条形基础底面相对标高高差注写在"（　　）"内〕

11G101—3 图集第 24、25 页，"条形基础底板的集中标注"

3.5.2　条形基础底板的集中标注内容为：条形基础底板编号、截面竖向尺寸、配筋三项必注内容，以及条形基础底板底面标高（与基础底面基准标高不同时）、必要的文字注解两项选注内容。

4. 注写条形基础底板底面标高（选注内容）。当条形基础底板的底面标高与条形基础底面基准标高不同时，应将条形基础底板底面标高注写在"（　　）"内。

〔旧图集为：注写条形基础底板底面相对标高高差（选注内容）。当条形基础底板的底面标高与条形基础底面基准标高不同时，应将条形基础底板底面相对标高高差注写在"（　　）"内〕

三、筏形基础

11G101—3 图集第 30 页，"梁板式筏形基础平法施工图的表示方法"

4.1.2　当绘制基础平面布置图时，应将梁板式筏形基础与其所支承的柱、墙一起绘制，当基础底面标高不同时，需注明与基础底面基准标高不同之处的范围和标高。

〔旧图集为：当某区域板底有标高高差时（系指相对于根据较大面积原则确定的筏形基础平板底面标高的高差），应注明其高差值与分布范围〕

11G101—3 图集第 39 页，"平板式筏形基础平法施工图的表示方法"

5.1.2　当绘制基础平面布置图时，应将平板式筏形基础与其所支承的柱、墙一起绘制，当基础底面标高不同时，需注明与基础底面基准标高不同之处的范围和标高。

四、独立承台的集中标注

11G101—3 图集第 45 页，"独立承台集中标注"

4. 注写基础底面标高（选注内容）。当独立承台的底面标高与桩基承台底面基准标高不同时，应将独立承台底面标高注写在括号内。

[旧图集为：注写基础底面相对标高高差（选注内容）。当独立承台的底面标高与桩基承台底面基准标高不同时，应将独立承台底面相对标高高差注写在"（　　）"内]

五、承台梁的集中标注

11G101—3 图集第 45 页"承台梁集中标注"

6.4.2　承台梁的集中标注内容为：承台梁编号、截面尺寸、配筋三项必注内容，以及承台梁底面标高（与承台底面基准标高不同时）、必要的文字注解两项选注内容。

（旧图集为："以及承台梁底面相对标高高差"……）

2.3.66　新图集取消了"圆形独立基础"

11G101—3 取消了旧图集的"圆形独立基础"。

2.3.67　在普通独立基础中增加了"短柱独立基础"

设置短柱独立基础的集中标注

设置短柱独立基础的集中标注见 11G101—3 图集第 11 页：

（4）注写普通独立深基础短柱竖向尺寸及配筋。当独立基础埋深较大，设置短柱时，短柱配筋应注写在独立基础中，具体规定如下：

1）以 DZ 代表普通独立深基础短柱。

2）先注写短柱纵筋，再注写箍筋，最后注写短柱标高范围。注写为：角筋/长边中部筋/短边中部筋，箍筋，短柱标高范围；当短柱水平截面为正方形时，注写为：角筋/x 边中部筋/y 边中部筋，箍筋，短柱标高范围。

【例】　当短柱配筋标注为：DZ：4 Φ 20/5 Φ 18/5 Φ 18，Φ10@100，$-2.500 \sim -0.050$；表示独立基础的短柱设置在 $-2.500 \sim -0.050$ 高度范围内，配置 HRB400 级竖向钢筋和 HPB300 级箍筋。其竖向钢筋为：4 Φ 20 角筋、5 Φ 18 x 边中部筋和 5 Φ 18 y 边中部筋；其箍筋直径为 10mm，间距 100mm。见示意图 2.3.2-15。

设置短柱独立基础的原位标注

设置短柱独立基础的原位标注见 11G101—3 图集第 12 页：

1. 普通独立基础……（当设置短柱时，尚应标注短柱的截面尺寸）。

……设置短柱独立基础的原位标注，见图 2.3.3—3。

普通独立深基础短柱配筋构造

11G101—3 图集 67 页，"单柱普通独立深基础短柱配筋构造"（新增）

（短柱的配筋构造同前面"高杯口独立基础"的短柱）

短柱角部纵筋和部分中间纵筋"插至基底纵筋间距≤1m支在底板钢筋网上",其余中间的纵筋不插至基底,仅锚入基础 l_a。

短柱箍筋在基础顶面以上"50mm"开始布置;短柱在基础内部的箍筋在基础顶面以下"100mm"开始布置。

"拉筋在短柱范围内设置,其规格、间距同短柱箍筋,两向相对于短柱纵筋隔一拉一"。

注:

1. 独立深基础底板的截面形式可为阶形截面 BJj 或坡形截面 BJp。当为坡形截面且坡度较大时,应在坡面上安装顶部模板,以确保混凝土能够浇筑成型、振捣密实。

2. 几何尺寸和配筋按具体结构设计和本图构造确定,施工按相应平法制图规则。

3. 独立深基础底板底部钢筋构造,详见本图集第60、63页。

11G101—3 图集第 68 页,"双柱普通独立深基础短柱配筋构造"(新增)

(上述要素内容同上页)

2.3.68 矩形独立基础底板底部短向钢筋取消两种配筋值

集中标注的规定

11G101—3 图集第 9 页,新图集在普通独立基础和杯口独立基础的集中标注中注写独立基础配筋时规定:

(1)注写独立基础底板配筋。普通独立基础和杯口独立基础的底部双向配筋注写规定如下:

1)以 B 代表各种独立基础底板的底部配筋。

2)X 向配筋以 X 打头、Y 向配筋以 Y 打头注写;当两向配筋相同时,则以 X&Y 打头注写。

在这里取消了旧图集的"当矩形独立基础底板底部的短向钢筋采用两种配筋值时,先注写较大配筋,在'/'后再注写较小配筋……"

独立基础底板配筋构造

11 G101—3 图集第 60 页,"独立基础 DJj、DJp、BJj、BJp,底板配筋构造"

图中(a)为"阶形"、(b)为"坡形"。(二者的底板配筋方式相同)

[旧图集的(a)为"短向采用两种配筋"、(b)为"同向采用一种配筋",而新图集取消了"短向采用两种配筋",统一为"同向采用一种配筋"]

注:

独立基础底板双向交叉钢筋长向设置在下,短向设置在上。

2.3.69 双柱普通独立基础底部与顶部配筋构造

11G101—3 图集第 61 页,"双柱普通独立基础底部与顶部配筋构造"

顶部配筋构造与旧图集不同:取消长短配筋,而改为齐头配筋:

"顶部柱间纵向钢筋"从柱内侧面锚入柱内 l_a 然后截断。

本页注:(1~3同旧图集)

3. 双柱普通独立基础底部双向交叉钢筋,根据基础两个方向从柱外缘至基础外缘的伸出长度 ex 和 ex' 的大小,较大者方向的钢筋设置在下,较小者方向的钢筋设置在上。

［不知为何取消旧图集的注 4：当矩形双柱普通独立基础的顶部设置纵向受力钢筋时，宜设置其在下，分布钢筋宜设置在上。这样既施工方便又能提高混凝土对受力钢筋的粘结强度，有利于减小裂缝宽度（与梁箍筋设置在外侧的原理相同）〕

2.3.70　74 杯口和双杯口独立基础构造

11G101—3 图集第 64 页，"杯口和双杯口独立基础构造"

（杯口处引注：）

柱插入杯口部分的表面应凿毛，柱子与杯口之间的空隙用比基础混凝土强度等级高一级的细石混凝土先填底部，将柱校正后灌注振实四周。

（旧图集的引注为：

柱插入杯口部分的表面应凿毛，柱子与杯口之间的间隙用不低于 C30 的不收缩或微膨胀细石混凝土先填底部，将柱校正后灌注振实四周。）

2.3.71　取消了旧图集的"基础圈梁"

11G101—3 图集第 21 页，"条形基础平法施工图的表示方法"

3.1.4　条形基础整体上可分为两类：

1. 梁板式条形基础。该类条形基础适用于钢筋混凝土框架结构、框架—剪力墙结构、部分框支剪力墙结构和钢结构。平法施工图将梁板式条形基础分解为基础梁和条形基础底板分别进行表达。

2. 板式条形基础。该类条形基础适用于钢筋混凝土剪力墙结构和砌体结构。平法施工图仅表达条形基础底板。

（取消了旧图集的一句话："当墙下设有基础圈梁时，再加注基础圈梁的截面尺寸和配筋。"）

3.2.1　条形基础编号分为基础梁和条形基础底板编号，按表 3.2.1 的规定。

（表 3.2.1 的内容有：）

基础梁　　　JL

条形基础底板（坡形）TJB$_P$

条形基础底板（阶形）TJB$_J$

（取消了旧图集的"基础圈梁"编号的定义）

2.3.72　基础梁的钢筋注写方式

11G101—3 图集第 22 页，在讲述基础梁箍筋注写方式时的举例：

3. 注写基础梁配筋（必注内容）：

【例】　9 ⊈ 16@100/⊈ 16@200（6），表示配置两种 HRB400 级箍筋，直径 16mm，从梁两端起向跨内按间距 100mm 设置 9 道，梁其余部位的间距为 200mm，均为 6 肢箍。

看看旧图集中的两个例子：

【例】　11φ14@150/250（4），表示配置两种 HRB235 级箍筋，直径均为 φ14mm，从梁两端起向跨内按间距 150mm 设置 11 道，梁其余部位的间距 250mm，均为 4 肢箍。

【例】 9Φ16@100/9 Φ16@150/Φ16@200（6），表示配置三种 HRB400 级箍筋，直径 16mm，从梁两端起向跨内按间距 100mm 设置 19 道，再按间距 150mm 设置 9 道，梁其余部位的间距为 200mm，均为 6 肢箍。

上述例子所表示的基础梁钢筋注写方式应该还适用吧？

2.3.73 两向基础梁（基础主梁）相交时的箍筋布置

11G101—3 图集第 22 页（第 31 页），在讲述基础梁（基础主梁）箍筋注写方式时指出：

施工时应注意：两向基础梁相交的柱下区域，应有一向截面较高的基础梁按梁端箍筋贯通设置；当两向基础梁高度相同时，任选一向基础梁箍筋贯通设置。

（旧图集中的该段却为：

施工时应注意：在两向基础梁相交位置，无论该位置上有无框架柱，均应有一向截面较高的基础梁箍筋贯通设置；当两向基础梁等高时，则选择跨度较小的基础梁的箍筋贯通设置，当两向基础梁等高且跨度相同时，则任选一向基础梁的箍筋贯通设置。）

2.3.74 基础梁底部非贯通纵筋的长度规定（新增）

11G101—3 图集第 23 页：

3.4 基础梁底部非贯通纵筋的长度规定

3.4.1 为方便施工，凡基础梁柱下区域底部非贯通纵筋的伸出长度 a_0 值，当配置不多于两排时，在标准构造详图中统一取值为自柱边向跨内伸出至 $l_n/3$ 位置；当非贯通纵筋配置多于两排时，从第三排起向跨内的伸出长度值应由设计者注明。l_n 取值规定为：边跨边支座的底部非贯通纵筋，l_n 取本边跨的净跨长度值；对于中间支座的底部非贯通纵筋，l_n 取支座两边较大一跨的净跨长度值。

3.4.2 基础梁外伸部位底部纵筋的伸出长度 a_0 值，在标准构造详图中统一取值为：第一排伸出至梁端头后，全部上弯 $12d$；其他排钢筋伸至梁端头后截断。

2.3.75 条形基础底板不平构造

11G101—3 图集第 70 页，"条形基础底板不平构造"
"条形基础底板板底不平构造（一）"：（右端同旧图集）
旧图集下注：基础底板底面高差小于等于底板厚度。
新图集：在墙（柱）左方之外 1000mm 的分布筋转换为受力钢筋，在右侧上拐点以右 1000mm 的分布筋转换为受力钢筋。转换后的"受力钢筋"锚固长度 l_0，与原来的分布筋搭接 150mm。
"条形基础底板板底不平构造（二）"：
新图集下注：板式条形基础。
旧图集下注：基础底板底面高差大于底板厚度。
新图集底板"阶梯形上升"——基础底板分布筋垂直上弯，受力筋于内侧。
（旧图集底板"斜线上升"——基础底板分布筋在"变高"范围转换为受力钢筋斜线上升，其"分布筋"在其下方。转换后的"受力钢筋"锚固长度 l_0，与原来的分布筋搭接

150mm。)

2.3.76　基础梁 JL 纵向钢筋与箍筋构造

11G101—3 图集第 71 页，"基础梁 JL 纵向钢筋与箍筋构造"（条筏共用构造）

"基础梁 JL 纵向钢筋与箍筋构造"：

与旧图集不同之处：

1. 采用的是"l_n"（净跨长度）——旧图集采用"l_0"（整跨长度）。

2. "$l_n/3$"、"$l_n/4$"从柱边算起——旧图集从柱中线算起。

本页注：（基本同旧图集）

2. 节点区内箍筋按梁端箍筋设置。梁相互交叉宽度内的箍筋按截面高度较大的基础梁设置。同跨箍筋有两种时，各自设置范围按具体设计注写。

（旧图集的本条内容为：

节点区内箍筋按梁端箍筋设置。同跨箍筋有多种时，各自设置范围按具体设计注写值。当纵筋需要采用搭接连接时，在受拉搭接区域的箍筋间距不应大于搭接钢筋较小直径的 5 倍，且不应大于 100mm。在受压搭接区域的箍筋间距不应大于搭接钢筋较小直径的 10 倍，且不应大于 200mm。**当需要判别受拉与受压搭接区域时，应由掌握结构内力实际分布情况的设计者确定。**）（此处黑体字为 06G101—6 所具有）

[取消了 04G101—3 的注 2：

$$a = 1.2l_a + h_b + 0.5h_c$$

与此相应，04G101—3 的底部非贯通筋延伸长度（从柱中线算起）"$l_0/3$ 且 $\geqslant a$"，也被新图集的（从柱边线算起）"$l_n/3$"所取代。]

2.3.77　附加箍筋和附加（反扣）吊筋构造

附加箍筋构造

11G101—3 图集第 71 页，"附加箍筋构造"（条筏共用构造）

（以下两条见 06G101—6 第 56 页以及 04G101—3 第 35 页）

"附加箍筋构造"：新图集只简单画出附加箍筋的布置情况。

（06G101—6 为："间距 8d（d 为箍筋直径）且最大间距应不大于所在区域的箍筋间距。附加箍筋在相交梁的两侧对称设置"——其中"相交梁"在 04G101—3 中为"基础次梁"）

新图集在区间"$3b+2h_1$"下标注："该区域内梁箍筋照设"

（06G101—6 在"交叉梁宽"范围内引注："梁相互交叉宽度内的箍筋按截面高度较大的基础梁设置"）

（04G101—3 在"次梁宽"范围内引注："该范围按基础主梁箍筋设置"）

附加（反扣）吊筋构造

"附加（反扣）吊筋构造"：新图集只画出附加吊筋（没画出箍筋）

（06G101—6 中画出节点的全部箍筋，而且还有引注："吊筋范围内（包括交叉梁宽内）的基础梁箍筋照设"）

（04G101—3 虽然没有画出节点的箍筋，但还有下注："吊筋范围内（包括基础次梁宽度内）的箍筋照设"）

（唯独新图集既没有画出节点的箍筋，也没有上述关于箍筋的注）

2.3.78 基础梁 JL 配置两种箍筋构造

11G101—3 图集第 72 页，"基础梁 JL 配置两种箍筋构造"（条筏共用构造）

（见 06G101—6 第 56 页以及 04G101—3 第 34 页）

（06G101—6 的标题为"基础梁 JL 配置多种箍筋构造"，图中引注和新图集一样：在梁跨中引注"跨中第二种箍筋范围"，但页注中有"当具体设计采用三种箍筋时"的做法说明）

（04G101—3 的标题为"基础主梁 JZL 第一种与第二种箍筋范围"，但图中引注和新图集不一样：在梁跨中引注"跨中第二、三种箍筋范围"，而且页注中有"当具体设计采用三种箍筋时"的做法说明）

2.3.79 基础梁 JL 竖向加腋钢筋构造

11G101—3 图集第 72 页，"基础梁 JL 竖向加腋钢筋构造"（条筏共用构造）

（见 06G101—6 第 54 页以及 04G101—3 第 33 页）

注：

2. 基础梁竖向加腋部位的钢筋见设计标注。加腋范围的箍筋与基础梁的箍筋配置相同，仅箍筋高度为变值。

［06G101—6 的该注前部还有："当条形基础的基础梁高加腋部位的配筋未注明时，其梁腋的顶部斜纵筋根数为基础梁顶部第一排纵筋根数 n 的 $n—1$ 根（且不少于 2 根）插空安放，强度等级和直径与基础梁顶部纵筋相同。"］

（04G101—3 的该注前部也有同样内容。）

问题：新图集取消了旧图集的" $n—1$ 根"的规定，而是声明"基础梁竖向加腋部位的钢筋见设计标注"，但是在条形基础的集中标注和原位标注中没有关于"梁高加腋"的钢筋标注的规定。那么，设计人员如何进行加腋部位钢筋的标注？施工人员又如何执行？

2.3.80 基础梁 JL 端部与外伸部位钢筋构造

11G101—3 图集第 73 页，"基础梁 JL 端部与外伸部位钢筋构造"

（见 06G101—6 第 52 页以及 04G101—3 第 29 页）

新图集简化为三个标准构造图。

新旧图集的最大不同之处：

标注钢筋伸出长度（ l'_n 和 $l_n/3$ 等）的起算点在柱（墙）侧面。

［旧图集（ l 和 $l_0/3$ 等）的起算点在柱（墙）中线］

1. "端部等截面外伸构造"：（纵筋直钩长度均为 $12d$ ）

2. "端部变截面外伸构造"：（纵筋直钩长度均为 $12d$ ）

上述两图：底部非贯通纵筋向跨内伸出长度" $l_n/3$ 且 $\geqslant l'_n$ "（06G101—6 为：" $l_0/3$ "；04G101—3 为：" $l_0/3$ 且 $\geqslant a$ "）。

3. "端部无外伸构造"：上部纵筋直钩长度和下部纵筋一样为 $15d$ 。

底部非贯通纵筋向跨内伸出长度"$l_n/3$"（旧图集情况同上）。

（06G101—6：下部纵筋直钩长度为$12d$，而上部纵筋直钩长度为$15d$）

（04G101—3：基础梁底部与顶部纵筋成对连通设置）

注：

1. 端部等（变）截面外伸构造中，当$l'_n+h_c \leqslant l_a$时，基础梁下部钢筋应伸至端部后弯折，且从柱内边算起水平段长度$\geqslant 0.4l_{ab}$，弯折段长度$15d$。

2. 基础梁外伸部位封边构造同筏形基础底板，见本图集第84页。

2.3.81　基础梁侧面构造纵筋和拉筋

11G101—3图集第73页，"基础梁侧面构造纵筋和拉筋"（条筏共用构造）

（见06G101—6第57页以及04G101—3第35页）

"基础梁侧面构造纵筋和拉筋"：图与04G101—3基本相同（a等分侧筋间距）

（图下注："（$a\leqslant 200$）"）

（与旧图集不同之处：h_w体现"有效高度"的概念，不指向混凝土基础梁的上边缘）

（06G101—6：侧面构造纵筋从基础板顶面200mm开始布置，没说"a"）

"图一"、"图二"、"图三"：（见注4的说明）

注1：基础梁侧面纵向构造钢筋搭接长度为$15d$。十字相交的基础梁，当相交位置有柱时，侧面构造纵筋锚入梁包柱侧腋内$15d$（见图一）；当无柱时侧面构造纵筋锚入交叉梁内$15d$（见图二）；丁字相交的基础梁，当相交位置无柱时，横梁外侧的构造纵筋应贯通，横梁内侧的构造纵筋锚入交叉梁内$15d$（见图三）。

（同06G101—6；比04G101—3多了"梁包柱侧腋"的情况）

注2：基础梁侧面受扭纵筋的搭接长度为l_l，其锚固长度为l_a，锚固方式同梁上部纵筋。

2.3.82　基础梁JL梁底不平和变截面部位钢筋构造

11G101—3图集第74页，"基础梁JL梁底不平和变截面部位钢筋构造"（条筏共用构造）

（见06G101—6第55页以及04G101—3第30页）

新旧图集最大的不同之处：标注钢筋伸出长度（$l_n/3$和$l_n/4$等）的起算点在柱（墙）侧面。

（旧图集$l_0/3$和$l_0/4$等的起算点在柱（墙）中线。）

2.3.83　基础梁JL与柱结合部侧腋构造

11G101—3图集第75页，"基础梁JL与柱结合部侧腋构造"（条筏共用构造）

（见06G101—6第53页以及04G101—3第31页）

注：

当基础梁与柱等宽，或柱与梁的某一侧面相平时，存在因梁纵筋与柱纵筋同在一个平面内导致直通交叉遇阻情况，此时应适当调整基础梁宽度使柱纵筋直通锚固。

（04G101—3多了一句话："不应将梁纵筋弯折后穿入柱内"）

2.3.84　筏形基础的基础梁竖向加腋的标注

11G101—3图集第30页在筏形基础的基础梁集中标注中规定：

4.3.2 基础主梁 JL 与基础次梁 JCL 的集中标注内容为：……

2. 注写基础梁的截面尺寸。以 $b \times h$ 表示梁截面宽度与高度；当为加腋梁时，用 $b \times h Y c1 \times c2$ 表示，其中 $c1$ 为腋长，$c2$ 为腋宽。

11G101—3 图集第 32 页在筏形基础的基础梁原位标注中规定：

4.3.3 基础主梁与基础次梁的原位标注规定如下：

1. 注写梁端（支座）区域的底部全部纵筋……

（5）加腋梁加腋部位钢筋，需在设置加腋的支座处以 Y 打头注写在括号内。

【例】 加腋梁端（支座）处的括号内注写为 Y4 ⽔ 25，表示加腋部位斜纵筋为 4 ⽔ 25。

【讨论】 关于条形基础"梁高加腋"的标注问题

在条形基础的集中标注和原位标注中没有关于"梁高加腋"的标注方法。是否可以这样认为："条形基础的梁高加腋的集中标注和原位标注参照筏形基础的基础梁的相应规定执行"？

2.3.85 基础梁底部非贯通纵筋的长度规定

11G101—3 图集第 33 页，在"基础主梁与基础次梁的平面注写方式"中指出：

4.4 基础梁底部非贯通纵筋的长度规定

4.4.1 为方便施工，凡基础主梁柱下区域和基础次梁支座区域底部非贯通纵筋的伸出长度 a_0 值，当配置不多于两排时，在标准构造详图中统一取值为自支座边向跨内伸出至 $l_n/3$ 位置；当非贯通纵筋配置多于两排时，从第三排起向跨内的伸出长度值应由设计者注明。l_n 的取值规定为：边跨边支座的底部非贯通纵筋，l_n 取本边跨的净跨长度值；中间支座的底部非贯通纵筋，l_n 取支座两边较大一跨的净跨长度值。（旧图集为"中心跨度值"）

［取消了旧图集的："当配置不多于两排时，在标准构造详图中统一取值为自柱中线向跨内延伸至 $l_n/3$ 位置，且对于基础主梁不小于 $1.2l_a + h_b + 0.5h_c$（h_b 为基础主梁截面高度，h_c 为沿基础梁跨度方向的柱截面高度），对于基础次梁不小于 $1.2l_a + h_b + 0.5h_c$（h_b 为基础次梁截面高度，b_b 为基础次梁支座的基础主梁宽度）"］

4.4.2 基础主梁与基础次梁外伸部位底部纵筋的伸出长度 a_0 值，在标准构造详图中统一取值为：第一排伸出至梁端头后，全部上弯 12d；其他排伸出至梁端头后截断。

（旧图集为"上弯封边"）

2.3.86 梁板式筏形基础平板的平面注写方式

11G101—3 图集第 34 页，在"梁板式筏形基础平板的平面注写方式"中指出：

当贯通筋采用两种规格钢筋"隔一布一"方式时，表达为 Φxx/yy@XXX，表示直径 XX 的钢筋和直径 YY 的钢筋之间的间距为 XXX，直径为 XX 的钢筋、直径为 YY 的钢筋间距分别为 XXX 的 2 倍。

【例】 ⽔ 10/12 @ 100 表示贯通纵筋为 ⽔ 10、⽔ 12 隔一布一，彼此之间间距为 100mm。

2.3.87　基础平板底部贯通纵筋宜采用"隔一布一"的方式布置

11G101—3 图集第 34 页"梁板式筏形基础平板 LPB 的原位标注"以及第 39 页"柱下板带与跨中板带原位标注"指出：

原位注写的底部附加非贯通纵筋与集中标注的底部贯通纵筋，宜采用"隔一布一"的方式布置……

（取消了旧图集的"隔一布二"方式）

2.3.88　底部纵筋应有不少于 1/3 贯通全跨

11G101—3 图集第 36 页，基础主梁 JL 与基础次梁 JCL 标注图示

"基础主梁 JL 与基础次梁 JCL 标注"：（与旧图集的不同之处）

1. 底部纵筋应有不少于 1/3 贯通全跨，顶部纵筋全部连通

（旧图集为"底部纵筋应有 1/2 至 1/3 贯通全跨"）

2. (X. xxx)——梁底面相对于筏板基础平板标高的高差

（旧图集为"梁底面相对于基准标高的高差"）

3. $x\phi xx@XXX$——附加箍筋总根数（两侧均分）、规格、直径及间距

（旧图集为"$x\phi xx$——附加箍筋总根数（两侧均分）、强度等级、直径"）

11G101—3 图集第 37 页，梁板式筏形基础平板 LPB 标注图示

"梁板式筏形基础平板标注"：（与旧图集的不同之处）

1. 底部纵筋应有不少于 1/3 贯通全跨

（旧图集为"底部纵筋应有 1/2 至 1/3 贯通全跨"）

2.3.89　基础次梁 JCL 纵向钢筋与箍筋构造

11G101—3 图集第 76 页，"基础次梁 JCL 纵向钢筋与箍筋构造"的要点：

1. （顶部纵筋的图样是通长筋）："顶部贯通纵筋在连接区内采用搭接、机械连接或对焊连接。同一连接区段内接头面积百分比率不宜大于 50%。当钢筋长度可穿过一连接区到下一连接区并满足要求时，宜穿越设置。"

（旧图集：两边的顶部纵筋在主梁上锚固"$\geqslant 12d$ 且至少到梁中线"）

2. （底部纵筋的图样同旧图集，但文字标注有不同）："底部贯通纵筋，在其连接区内搭接、机械连接或对焊连接。同一连接区段内接头面积百分比率不宜大于 50%。当钢筋长度可穿过一连接区到下一连接区并满足要求时，宜穿越设置。"

标注尺寸的起算点：自支座（主梁）边向跨内伸出至 $l_n/3$（$l_n/4$）位置。

（旧图集：自柱网轴线向跨内伸出至 $l_0/3$ 且 $\geqslant a$ 位置）

3. 顶部贯通纵筋连接区：支座（主梁）两边各 $l_0/4$ 的范围内

（旧图集：锚入主梁内"$\geqslant 12d$ 且至少到梁中线"）

注：

1. 端部等（变）截面外伸构造中，当 $l'_n + b_b \leqslant l_a$ 时，基础梁下部钢筋应伸至端部后弯折 15d；从梁内边算起水平段长度由设计指定，当设计按铰接时应 $\geqslant 0.35 l_{ab}$，当充分利用钢筋抗拉强度时应 $\geqslant 0.6 l_{ab}$。

2. 图中"设计按铰接时"、"充分利用钢筋的抗拉强度时"由设计指定。

2.3.90 基础次梁 JCL 梁底不平和变截面部位钢筋构造

11G101—3 图集第 78 页,"基础次梁 JCL 梁底不平和变截面部位钢筋构造"伸出长度的不同点:下部纵筋向跨内伸出长度"$l_n/3$",从梁边算起。

(旧图集:下部纵筋向跨内伸出长度"$l_0/3$ 且 $\geqslant a$",从柱网轴线算起)

"梁顶有高差钢筋构造":

高梁顶部纵筋"伸至尽端钢筋内侧弯折 $15d$",低梁顶部纵筋锚入主梁"$\geqslant 12d$ 且至少到梁中线"。

(旧图集:顶部、底部纵筋均锚入主梁"$\geqslant 12d$ 且至少到梁中线")

"梁底、梁顶均有高差钢筋构造":(顶部纵筋同上)

高梁与低梁的第一排和第二排纵筋均伸过交叉点互锚"l_a"。

(旧图集:"第二排筋伸至尽端钢筋内侧,总锚长 $\geqslant l_a$,当直锚 $\geqslant l_a$ 时,可不弯钩")

"梁底有高差钢筋构造":(底部纵筋同上)

顶部纵筋图形为贯通筋,"顶部贯通纵筋连接区"在主梁两边"$l_a/4$"范围内。

(旧图集:两侧的顶部纵筋均锚入主梁"$\geqslant 12d$ 且至少到梁中线")

2.3.91 梁板式筏形基础平板 LPB 钢筋构造

11G101—3 图集第 79 页,"梁板式筏形基础平板 LPB 钢筋构造"

"梁板式筏形基础平板 LPB 钢筋构造(柱下区域)":

"梁板式筏形基础平板 LPB 钢筋构造(跨中区域)":

(共同的特点:)

1. (顶部纵筋的大样图是通长筋):"顶部贯通纵筋在连接区内采用搭接、机械连接或对焊连接。同一连接区段内接头面积百分比率不宜大于 50%。当钢筋长度可穿过一连接区到下一连接区并满足要求时,宜穿越设置。"

(旧图集:两边的顶部纵筋在主梁上锚固"$\geqslant 12d$ 且至少到梁中线")

2. (底部贯通纵筋连接区):"$\geqslant l_n/3$"

(旧图集:"$\geqslant l_0/3$")

3. (板顶部、底部第一根纵筋的位置):"板的第一根筋,距基础梁边为 $1/2$ 板筋间距,且不大于 75mm。"

(旧图集:"板的第一根筋,距基础梁角筋垂直面为 $1/2$ 板筋间距")

2.3.92 梁板式筏形基础平板 LPB 端部与外伸部位钢筋构造

11G101—3 图集第 80 页,"梁板式筏形基础平板 LPB 端部与外伸部位钢筋构造","板的第一根筋"的位置:(同上页)

"端部等(变)截面外伸构造":

注:

1. 端部等(变)截面外伸构造中,当从支座内边算起至外伸端头 $\leqslant l_a$ 时,基础平板下部钢筋应伸至端部后弯折 $15d$;从梁内边算起水平段长度由设计指定,当设计按铰接时应 $\geqslant 0.35 l_{ab}$,当充分利用钢筋抗拉强度时应 $\geqslant 0.6 l_{ab}$。

"端部无外伸构造":

顶部纵筋：直锚入边梁"$\geq 12d$ 且至少到梁中线"（基本同旧图集）。

（旧图集还有一句："当梁宽度不足时用弯钩补足"）

底部纵筋：伸至边梁外侧弯折 $15d$，锚固水平段长度："设计按铰接时：$\geq 0.35l_{ab}$，充分利用钢筋抗拉强度时：$\geq 0.6l_{ab}$"。

（旧图集：）$\geq 0.4l_{aE}$（$\geq 0.4l_a$），伸至梁箍筋内侧并弯钩 $15d$。

"板的第一根筋"的位置：同上页。

2.3.93 梁板式筏形基础平板 LPB 变截面部位钢筋构造

11G101—3 图集第 80 页，"梁板式筏形基础平板 LPB 变截面部位钢筋构造"

"板顶有高差"：

主要在"板的顶部纵筋"上：

高板的顶部纵筋"伸至尽端钢筋内侧弯折 $15d$，当直段长度$\geq l_a$ 时可不弯折"

低板的顶部纵筋"锚入梁内 l_a"：

（旧图集：两边的顶部纵筋均直锚入梁内"$\geq 12d$，且至少到梁中线；当梁宽度不足时用弯钩补足"）

（旧图集还有"低板厚度≤ 2000mm，高板厚度> 2000mm"的构造——而新图集没有了）（构造做法："厚板"的中层钢筋直锚进梁截面"l_a"——下同）

"板顶、板底均有高差"：

"板的顶部纵筋"同上。

"板的底部纵筋"：高板与低板的底部纵筋均伸过交叉点互锚"l_a"（同旧图集）。

（旧图集还有"两边的板厚均> 2000mm"的构造——而新图集没有了）

"板底有高差"：

"板的底部纵筋"同上。

（旧图集还有"板底低的板厚> 2000mm，板底高的板厚≤ 2000mm"的构造——而新图集没有了）

2.3.94 平板式筏形基础平板端部与外伸部位钢筋构造

11G101—3 图集第 84 页，"平板式筏形基础平板（ZXB、KZB、BPB）端部与外伸部位钢筋构造"

"端部无外伸构造（一）"（端部为"外墙"）：

顶部贯通纵筋：锚入端部外墙"$\geq 12d$ 且至少到墙中线"。

（旧图集："伸至板尽端后弯钩且$\geq l_a$"）

底部贯通与非贯通纵筋：伸至板尽端后弯钩"$15d$"，锚固水平段长度"$\geq 0.4l_{ab}$"。

注：

端部无外伸构造（一）中，当设计指定采用墙外侧纵筋与底板纵筋搭接的做法时，基础底板下部钢筋弯折段应伸至基础顶面标高处（见本图集第 58 页）。

（本图集第 58 页）

"墙插筋在基础中锚固构造（三）"（墙外侧纵筋与底板纵筋搭接）：

基础底板下部钢筋弯折段应伸至基础顶面标高处，墙外侧纵筋插至板底后弯锚、与底板下部纵筋搭接"l_{lE}（l_l）"，且弯钩水平段≥15d。

（旧图集：伸至板尽端后垂直上弯，"墙身或柱宽内：≥1.7l_{aE}≥1.7l_a且至板顶；其他部位：按板边缘侧面封边构造"）

"端部无外伸构造（二）"（端部为"边梁"）：（新增）

顶部贯通纵筋：锚入边梁"≥12d且至少到梁中线"。

底部贯通与非贯通纵筋：伸至板尽端后弯钩"15d"，锚固水平段长度"设计按铰接时：≥0.35l_{ab}；充分利用钢筋的抗拉强度时：≥0.6l_{ab}"。

2.3.95　板边缘侧面封边构造

11G101—3图集第84页，"板边缘侧面封边构造"

"U形筋构造封边方式"：

板顶部、底部纵筋弯钩"12d"；

U形筋的两个弯钩长度分别为"≥15d，≥200mm"。（旧图集为"12d"）

"纵筋弯钩交错封边方式"：（同旧图集）

底部与顶部纵筋弯钩交错150mm；

底部与顶部纵筋弯钩交错150mm后，应有一根侧面构造纵筋与两交错弯钩绑扎。

2.3.96　新图集的一个新名词"基础联系梁"

11G101—3图集第44页在介绍桩基承台平法施工图制图规则时，引入了"基础联系梁"的新名词：

6.1.2　当绘制桩基承台平面布置图时，应将承台下的桩位和承台所支承的柱、墙一起绘制。当设置基础联系梁时，可根据图面的疏密情况，将基础联系梁与基础平面布置图一起绘制，或将基础联系梁布置图单独绘制。

（旧图集为："……当设置基础连梁时，可根据图面的疏密情况，将基础连梁与基础平面布置图一起绘制，或将基础连梁布置图单独绘制。"）

【讨论】不要以为"基础联系梁"就是"基础连梁"的另一个名称，这不是简单的取代。仔细看后面的内容就明白了。

2.3.97　矩形承台CT$_J$和CT$_P$配筋构造

11G101—3图集第85页，"矩形承台CT$_J$和CT$_P$配筋构造"

"阶形截面CT$_J$"、"单阶截面CT$_J$"、"坡形截面CT$_P$"：（同旧图集）

基底边缘构造：有一句话略有不同：

"当伸至端部直段长度方桩≥35d或圆桩≥35d+0.1D时可不弯折"

"桩顶纵筋在承台内的锚固构造"：旧图集只有"纵筋直锚"，

新图集增加："纵筋发散弯折锚固"。

注：

1. 当桩直径或桩截面边长小于800mm时，桩顶嵌入承台50mm；当桩直径或桩截面边长不小于800mm时，桩顶嵌入承台100mm。（同旧图集）

2. 当承台之间设置防水底板，且承台底面也要求做防水层时，桩顶局部应采用刚性防水层，不可采用有机材料的柔性防水层。详见《混凝土结构施工图平面整体表示方法制图规则和构造详图（筏形基础）》04G101—3 中的相应标准构造。

3. 当承台厚度小于桩纵筋直锚长度时，桩顶纵筋可伸至承台顶部后弯直钩，使总锚固长度为 l_{aE} (l_a)。

2.3.98 （新增）六边形承台 CT$_J$ 配筋构造

11G101—3 图集第 88 页，六边形承台 CT$_J$ 配筋构造（平面图形为正六边形）

承台 X 向配筋和 Y 向配筋类似矩形承台配置。

"基底边缘构造"同本图集第 85 页。

本页注同第 85 页（矩形承台）。

11G101—3 图集第 89 页，六边形承台 CT$_J$ 配筋构造（平面图形为长六边形）

承台 X 向配筋和 Y 向配筋类似矩形承台配置。

"基底边缘构造"同本图集第 85 页。

本页注同第 85 页（矩形承台）。

2.3.99 墙下单排桩承台梁 CTL 配筋构造

11G101—3 图集第 90 页，"墙下单排桩承台梁 CTL 配筋构造"

（基本同旧图集，不同之处：）

基底边缘构造：（新增一句话）

"（当伸至端部直段长度方桩≥35d 或圆桩≥35d+0.1D 时可不弯折）"

注（第 2 条比旧图集更具体）：

拉筋直径为 8mm，间距为箍筋的 2 倍。当设有多排拉筋时上下两排拉筋竖向错开设置。

【问题】 新图集有一个错字：本页注 2 的"当没有多排拉筋时"应为"当设有多排拉筋时"，其中"没"字应为"设"字。

2.3.100 基础联系梁制图规则和配筋构造

基础联系梁取代了基础连梁和地下框架梁

在 11G101—3 图集第 50 页的基础相关构造类型与编号（表 7.1.1）中，与旧图集 O6G101—6 相比：

增加了：基础联系梁 JLL（用于独立基础、条形基础、桩基承台）。

取消了：基础连梁 JLL。

取消了：地下框架梁 DKL。

不要因为基础联系梁和基础连梁的编号都是 JLL，就以为这只是一个名称上的更换。实际上，基础联系梁取代了基础连梁和地下框架梁，看了后面的介绍就清楚了。

基础联系梁制图规则

7.2.1 基础联系梁平法施工图制图规则

基础联系梁系指连接独立基础、条形基础或桩基承台的梁。基础联系梁的平法施工图设计，系在基础平面布置图上采用平法注写方式表达。

基础联系梁注写方式及内容除编号按本规则表 7.1.1 规定外，其余均按 11G101—1《混凝土结构施工图平面整体表示方法制图规则和构造详图（现浇混凝土框架、剪力墙、梁、板)》中非框架梁的制图规则执行。

基础联系梁配筋构造

11G101—3 图集第 92 页，"基础联系梁 JLL 配筋构造"

"基础联系梁 JLL 配筋构造（一)"：(JLL 设置在基础顶面以下)

(同旧图集"基础连梁与基础以上框架柱箍筋构造")

(旧图集图题下有括号标注："梁上部纵筋也可在跨中 1/3 范围内连接")

"基础联系梁 JLL 配筋构造（二)"：(JLL 设置在底层地面以下)

(基本同旧图集"地下框架梁与相关联框架柱箍筋构造")

不同之处：JLL 以下"短柱箍筋规格及间距见具体设计"

(旧图集为："同上部结构底层柱下端加密箍筋规格")

注：

1. 基础联系梁的第一道箍筋距柱边缘 50mm 开始设置。(同旧图集)

2. 当上部结构底层地面以下设置基础联系梁时，上部结构底层框架柱下端的箍筋加密高度从基础联系梁顶面开始计算，基础联系梁顶面至基础顶面短柱的箍筋见具体设计；当未设置基础联系梁时，上部结构底层框架柱下端的箍筋加密高度从基础顶面开始计算。

3. 基础联系梁用于独立基础、条形基础及桩基承台。

4. 图中括号内数据用于抗震设计。

在图中，JLL 纵筋在端支座和中间支座直锚 l_a(l_{aE})。

2.3.101 后浇带

后浇带直接引注

11G101—3 图集第 50 页的基础相关构造类型与编号（表 7.1.1）中介绍：

后浇带代号 HJD 用于梁板、平板筏基础，条形基础

7.2.2 后浇带 HJD 直接引注。后浇带的平面形状及定位由平面布置图表达，后浇带留筋方式等由引注内容表达，包括：

1. 后浇带编号及留筋方式代号。本图集留筋方式有两种，分别为：贯通留筋（代号GT），100%搭接留筋（代号 100%)。

2. 后浇混凝土的强度等级 CXX。宜采用补偿收缩混凝土，设计应注明相关施工要求。

3. 当后浇带区域留筋方式或后浇混凝土强度等级不一致时，设计者应在图中注明与图示不一致的部位及做法。

设计者应注明后浇带下附加防水层做法；当设置抗水压垫层时，尚应注明其厚度、材料与配筋；当采用后浇带超前止水构造时，设计者应注明其厚度与配筋。

后浇带引注见图 7.2.2。

贯通留筋的后浇带宽度通常取大于或等于 800mm；100%搭接留筋的后浇带宽度通常取 800mm 与（l_l＋60mm）的较大值。

后浇带 HJD 构造

11G101—3 图集第 93 页，"后浇带 HJD 构造"

(旧图集 04G101—3 第 57 页：只有一个"（基础底板）后浇带 HJD 构造")

"基础底板后浇带 HJD 构造"（贯通留筋）：（基本同旧图集）

新图集："附加防水层"表面比原垫层表面低 50mm（后浇带混凝土加厚 50mm）

附加防水层宽度：每边比后浇带宽出"≥300mm"（同旧图集）

（旧图集：基础底板混凝土留茬为中部凸出（按 1：6），新图集不要求）

"基础底板后浇带 HJD 构造"（100％搭接留筋）：（新增）

后浇带宽度："≥(l_l＋60) 且≥800mm。"

板底部纵筋及底部纵筋的搭接长度："≥l_l"。

附加防水层构造同上。

"基础梁后浇带 HJD 构造"（贯通留筋）：（新增）

后浇带宽度："按设计标注，且≥800mm"。

附加防水层构造同上。

"基础梁后浇带 HJD 构造"（100％搭接留筋）：（新增）

后浇带宽度："≥(l_l＋60) 且≥800mm"。

梁底部纵筋及底部纵筋的搭接长度："≥l_l"。

附加防水层构造同上。

注：

1. 后浇带混凝土的浇筑时间及其他要求按具体工程的设计要求。

（旧图集有："后浇混凝土宜在两侧混凝土浇筑两个月后再进行浇筑。"）

2. 后浇带两侧可采用钢筋支架单层钢丝网或单层钢板网隔断。当后浇混凝土时，应将其表面浮浆剔除。

3. 后浇带下设抗水压垫层构造、后浇带超前止水构造见本图集第 94 页。

11G101—3 图集第 94 页，"后浇带 HJD 构造"

"后浇带 HJD 下抗水压垫层构造"：（新增）

后浇带的断层上有止水带："止水带详见具体设计"

在"附加防水层"下面设置两层附加钢筋及附加分布钢筋（设计标注）

（断面形状：先前现浇的混凝土形成一个"基坑"似的模样）

"后浇带 HJD 超前止水构造"：（新增）

（断面形状：先前现浇的混凝土形成一个"基坑"似的模样）

"坑底"最下面是垫层，（垫层之上）在两个斜坡和底面铺设"防水卷材"。

在其上设置"斜弯下到底平再上弯再回弯的"附加钢筋及附加分布钢筋（设计标注），附加钢筋的斜边锚入基础板内"l_a"。

在"坑底"两边的附加钢筋中缝有"止水嵌缝"，在止水嵌缝下压有"外贴式止水带"。

2.3.102 上柱墩和下柱墩

1. 新图集取消了圆形截面的上柱墩和下柱墩

在 11G101—3 图集第 51 页上柱墩直接引注的内容规定中，新图集只规定了"矩形截面"（包括棱柱形与棱台形），而取消了旧图集（04G101—3）的"圆形截面"（包括等圆柱形与圆台形）。

在 11G101—3 图集第 52 页下柱墩直接引注的内容规定中，新图集只规定了"矩形截面"（包括倒棱柱形与倒棱台形），而取消了旧图集（040101—3）的"圆形截面"（包括倒圆台形与倒圆柱形）。

【问题】 按7.2.4的文字说明为"下柱墩XZD，系根据平板式筏形基础受剪或受冲切承载力的需要，在柱的所在位置、基础平板底面以下设置的混凝土墩"；而在表7.1.1（基础相关构造类型与编号）中说下柱墩"用于梁板、平板筏基础"（增加了梁板式筏基础）。

2. 上柱墩SZD构造

11G101—3图集第95页，"上柱墩SZD构造（棱台与棱柱形）"

（旧图集为04G101—3第49、50页）

"1—1"断面：为网状配筋（旧图集为向心的放射状配筋）

"2—2"断面：仅外壁配筋（旧图集中间部分还配有拉筋）

纵筋形状："中间钢筋"：两个竖向和一个横向连续配筋
　　　　　　"四角钢筋"：一个竖向在顶部弯折"12d"

外壁箍筋（棱台为变箍，棱柱为不变箍）

（体会：新图集的配筋形式更方便施工）

【问题】 第51页的上柱墩例题的"（4×4）肢箍"与第95页的"2—2"断面（中间无拉筋）矛盾？

3. 下柱墩XZD构造

11G101—3图集第96页，"下柱墩XZD构造（倒棱台与倒棱柱形）"

（旧图集为04G101—3第52页）

（新图集钢筋构造同旧图集）

【问题】 新图集在"1—1"断面网上再画上"1—1"剖切线不妥；在"2—2"断面图上再画上"2—2"剖切线不妥。因为，在正交的两个剖面图上，表示底部配筋的"圆黑点"不会永远位于"粗黑线"之上。（如果在一个剖面图上的"圆黑点在粗黑线之上"的话，则在正交的另一个剖面图上应该是"圆黑点在粗黑线之下"——在04G101—3第52页的图上，这种剖切关系是对的。）

2.3.103 窗井墙CJQ（新增）

2.3.103.1 窗井墙CJQ的注写方式

在11G101—3图集第53页窗井墙CJQ平法施工图制图规则中指出：

窗井墙注写方式及内容除编号按本规则表7.1.1的规定外，其余按11G101—1《混凝土结构施工图平面整体表示方法制图规则和构造详图（现浇混凝土框架、剪力墙、梁、板）》中剪力墙及地下室外墙的制图规则执行。

当在窗井墙顶部或底部设置通长加强钢筋时，设计应注明。

注：当窗井墙按深梁设计时则设计者另行处理。

2.3.103.2 窗井墙CJQ配筋构造

11G101—3图集第98页，"窗井墙CJQ配筋构造"

"窗井平面布置图"：

① 节点：转角墙

当两边墙体外侧钢筋直径及间距相同时的连通设置

内侧水平筋弯钩 $15d$

② 节点：翼墙

水平筋弯钩 $15d$

③ 节点：立剖面

外侧竖向筋与内侧竖向筋在顶部搭接 $150mm$

竖向筋锚入底板 "$\geqslant 0.6l_{ab}$"，外侧筋弯钩 $15d$，内侧筋弯钩 $6d$

顶（底）部加强钢筋由设计标注

2.3.104　防水底板JB与各类基础的连接构造

11G101—3 图集第 97 页，"地下室防水底板 JB 与各类基础的连接构造"

（旧图集为 08G101—5 第 52 页）

1. "低板位防水底板（一）"：（基础顶面到底板顶面的距离 $\geqslant 5d$）

防水底板顶部纵筋贯穿基础："当基础顶部配有钢筋时，按低板位防水底板（二）要求"底部纵筋锚入基础 l_a。

2. "低板位防水底板（二）"：（基础顶面到底板顶面的距离 $<5d$）

防水底板顶部纵筋、底部纵筋均锚入基础 l_a。

3. "高板位防水底板"：

防水底板顶部纵筋贯穿基础顶面，底部纵筋与基础底部附加的斜钢筋瓦锚入 "l_a"。

4. "中板位防水底板（一）"：（基础顶面到底板顶面的距离 $\geqslant 5d$）

防水底板顶部纵筋贯穿基础："当基础顶部配有钢筋时，按中板位防水底板（二）"要求底部纵筋锚入基础 l_a。

5. "中板位防水底板（二）"：（基础顶面到底板顶面的距离 $<5d$）

防水底板顶部纵筋、底部纵筋均锚入基础 l_a。

注：

1. 图中 d 为防水底板受力钢筋的最大直径。

2. 本图所示意的基础，包括独立基础、条形基础、桩基承台、桩基承台梁以及基础联系梁等。

3. 当基础梁、承台梁、基础联系梁或其他类型的基础宽度 $\leqslant l_a$ 时，可将受力钢筋穿越基础后在其连接区域连接。

4. 防水底板以下的填充材料应按具体工程的设计要求进行施工。

对比旧图集 08G101—5 第 52 页的不同点：

（1）新图集的"高板位防水底板"少设置一个构造"基础顶面无配筋"（防水底板的底部纵筋也贯通穿越基础）。

（2）新图集的"高板位防水底板"与 08G101—5 的"基础顶面有配筋"类似，不同之处：08G101—5 被切断的防水底板纵筋是锚入基础"$\geqslant l_l$"，而新图集增设的"八字筋"与被切断的防水底板纵筋互锚"l_a"。

（3）08G101—5 第 52 页其余各图被切断的防水底板纵筋是锚入基础"$\geqslant l_l$"，而新图集改为"l_a"。

2.3.105　基础的一般构造

2.3.105.1　基础梁箍筋复合方式、非接触纵向钢筋搭接构造

11G101—3 图集第 57 页，"基础梁箍筋复合方式、非接触纵向钢筋搭接构造"

"基础梁箍筋复合方式"：题下注"封闭箍筋可采用焊接封闭箍筋方式"

图例设有"三肢箍"、"四肢箍"、"五肢箍"、"六肢箍"。

注：

1. 基础梁截面纵筋外围应采用封闭箍筋，当为复合箍筋时，其截面内箍可采用开口箍或封闭箍。封闭箍的弯钩可在四角的任何部位，开口箍的弯钩宜设在基础底板内。

2. 当多于 6 肢箍时，偶数肢增加小开口箍或小套箍，奇数肢加一单肢箍。

2.3.105.2　非接触纵向钢筋搭接构造

11G101—3 图集第 57 页，"非接触纵向钢筋搭接构造"

（同旧图集 06G101—6）

注：

非接触搭接可用于条形基础底板、梁板式筏形基础平板中纵向钢筋的连接。

2.3.105.3　墙插筋在基础中的锚固

11G101—3 图集第 58 页，"墙插筋在基础中的锚固"（新增）

"墙插筋在基础中锚固构造（一）"（墙插筋保护层厚度 $>5d$）：

（例如，墙插筋在板中）

墙两侧插筋构造见"1—1"剖面（分下列两种情况）：

"1—1" $[h_j > l_{aE}(l_a)]$：墙插筋插至基础板底部支在底板钢筋网上，弯折 $6d$；而且，墙插筋在基础内设置"间距≤500mm，且不少于两道水平分布筋与拉筋"。

"1—1" $[h_j > l_{aE}(l_a)]$：墙插筋插至基础板底部支在底板钢筋网上，且锚固垂直段"≥0.6l_{abE}（≥0.6l_{ab}）"，弯折 $15d$；而且，墙插筋在基础内设置"间距≤500mm，且不少于两道水平分布筋与拉筋"。

"墙插筋在基础中锚固构造（二）"（墙插筋保护层厚度≤5d）：

〔例如，墙插筋在板边（梁内）— 墙外侧根据第 54 页注 2 处理：〕

墙内侧插筋构造见"1—1"剖面（同上）。

墙外侧插筋构造见"2—2"剖面（分下列两种情况）：

"2—2" $[h_j > l_{aE}(l_a)]$：墙插筋插至基础板底部支在底板钢筋网上，弯折 $15d$；而且，墙插筋在基础内设置"锚固区横向钢筋"（构造要求见本页注 2）。

"2— 2" $[h_j ≤ l_{aE}(l_a)]$：墙插筋插至基础板底部支在底板钢筋网上，且锚固垂直段"≥0.6l_{abE}（≥0.6l_{ab}）"，弯折 $15d$；而且，墙插筋在基础内设置"锚固区横向钢筋"（构造要求见本页注 2）。

注：

1. 图中 h_j 为基础底面至基础顶面的高度。对于带基础梁的基础为基础梁顶面至基础梁底面的高度。

2. 锚固区横向钢筋应满足直径≥$d/4$（d 为插筋最大直径），间距≤10d（d 为插筋最小直径）且≤100mm 的要求。

3. 当插筋部分保护层厚度不一致的情况下（如部分位于板中、部分位于梁内），保护层厚度小于 5d 的部位应设置锚固区横向钢筋。

4. 图中 d 为插筋直径；括号内数据用于非抗震设计。

5. 插筋下端设弯钩放在基础底板钢筋网上，当弯钩水平段不满足要求时应加长或采取其他措施。

"墙插筋在基础中锚固构造（三）"（墙外侧纵筋与底板纵筋搭接）：

基础底板下部钢筋弯折段应伸至基础顶面标高处，墙外侧纵筋插至板底后弯锚、与底板下部纵筋搭接 "l_{lE}（l_l）"，且弯钩水平段 $\geqslant 15d$；而且，墙插筋在基础内设置 "间距 $\leqslant$ 500mm，且不少于两道水平分布钢筋与拉筋"。

墙内侧插筋构造同上。

注：

当选用 "墙插筋在基础中锚固构造（三）" 时，设计人员应在图纸中注明。

2.3.106 柱插筋在基础中的锚固

11G101—3 图集第 59 页，"柱插筋在基础中的锚固"

"柱插筋在基础中锚固构造（一）" [插筋保护层厚度 $> 5d$，$h_j > l_{aE}(l_a)$]：

柱插筋 "插至基础板底部支在底板钢筋网上"，弯折 "$6d$ 且 $\geqslant$ 150mm"；而且，墙插筋在基础内设置 "间距 $\leqslant$ 500mm，且不少于两道矩形封闭箍筋（非复合箍）"。

"柱插筋在基础中锚固构造（二）" [插筋保护层厚度 $> 5d$，$h_j \leqslant l_{aE}(l_a)$]：

柱插筋 "插至基础板底部支在底板钢筋网上"，且锚固垂直段 "$\geqslant 0.6l_{abE}$（$\geqslant 0.6l_{ab}$）"，弯折 "$15d$"；而且，墙插筋在基础内设置 "间距 $\leqslant$ 500mm，且不少于两道矩形封闭箍筋（非复合箍）"。

"柱插筋在基础中锚固构造（三）"（插筋保护层厚度 $\leqslant 5d$，$h_j > l_{aE}(l_a)$）：

柱插筋 "插至基础板底部支在底板钢筋网上"，弯折 "$6d$ 且 $\geqslant$ 150mm"；而且，墙插筋在基础内设置 "锚固区横向箍筋"。

"柱插筋在基础中锚固构造（四）"（插筋保护层厚度 $\leqslant 5d$，$h_j \leqslant l_{aE}(l_a)$）：

柱插筋 "插至基础板底部支在底板钢筋网上"，且锚固垂直段 "$\geqslant 0.6l_{abE}$（$\geqslant 0.6l_{ab}$）"，弯折 "$15d$"；而且，墙插筋在基础内设置 "锚固区横向箍筋"。

注：

1. 图中 h_j 为基础底面至基础顶面的高度。对于带基础梁的基础为基础梁顶面至基础梁底面的高度。当柱两侧基础梁标高不同时取较低标高。

2. 锚固区横向箍筋应满足直径 $\geqslant d/4$（d 为插筋最大直径），间距 $\leqslant 10d$（d 为插筋最小直径）且 $\leqslant$ 100mm 的要求。

3. 当插筋部分保护层厚度不一致的情况下（如部分位于板中、部分位于梁内），保护层厚度小于 $5d$ 的部位应设置锚固区横向箍筋。

4. 当柱为轴心受压或小偏心受压，独立基础、条形基础高度不小于 1200mm 时，或当柱为大偏心受压，独立基础、条形基础高度不小于 1400mm 时，可仅将柱四角插筋伸至底板钢筋网上（伸至底板钢筋网上的柱插筋之间间距不应大于 1000mm），其他钢筋满足锚固长度 l_{aE}（l_a）即可。

5. 图中 d 为插筋直径。

2.3.107 在施工图总说明中与基础有关的注意事项

在 11G101—3 图集第 6 页，指出了在施工图总说明中与基础有关的注意事项：

1.0.10 为了确保施工人员准确无误地按平法施工图进行施工，在具体工程施工中必须写明以下与平法施工图密切相关的内容：……

2. 设置后浇带时，注明后浇带的位置、浇筑时间和后浇混凝土的强度等级以及其他特殊要求。

3. 当标准构造详图有多种可选择的构造做法时，写明在何部位选用何种构造做法。

当未写明时，则为设计人员自动授权施工人员可以任选一种构造做法进行施工。例如：复合箍中拉筋弯钩做法（本图集第 57 页）、筏形基础板边缘侧面封闭构造（本图集第 84 页）等。

某些节点要求设计者必须写明在何部位选用何种构造做法，例如：墙插筋在基础中锚固构造（三）（见第 58 页）、筏形基础次梁（基础底板）下部钢筋在边支座的锚固要求（见第 76、80、84 页）。

第3章 钢筋翻样基础知识

3.1 基本概念

3.1.1 钢筋翻样

建筑工地的技术人员、钢筋工长或班组长，把建筑施工图纸和结构图纸中各种各样的钢筋样式、规格、尺寸以及所在位置，按照国家设计施工规范的要求，详细地列出清单，画出简图，作为作业班组进行钢筋绑扎、工程量计算的依据。

钢筋翻样在实际应用过程中分为两类：

（1）预算翻样，是指在设计与预算阶段对图纸进行钢筋翻样，以计算图纸中钢筋的含量，用于钢筋的造价预算；

（2）施工翻样，是指在施工过程中，根据图纸详细列示钢筋混凝土结构中钢筋构件的规格、形状、尺寸、数量、重量等内容，以形成钢筋构件下料单，方便钢筋工按料单进行钢筋构件制作。

3.1.2 钢筋下料

在施工现场，钢筋下料指的是钢筋加工工人按照技术人员或钢筋工长所提供的钢筋配料单进行加工成型的过程，所以钢筋下料是一个体力劳动，大家通常所说的钢筋下料应该指的是施工现场的钢筋翻样。

钢筋下料要考虑的因素：

（1）由于施工现场情况比较复杂，下料时需要施工进度和施工流水段，考虑施工流水段之间的插筋和搭接，还需根据现场情况进行钢筋的代换和配置。

（2）钢筋下料必须考虑钢筋的弯曲延伸率，钢筋弯曲后，弯曲处内皮收缩、外皮延伸、轴线不变，弯曲处形成圆弧，弯曲后尺寸不大于下料尺寸，应考虑弯曲调整值，否则加工后钢筋超出图纸尺寸。

（3）优化下料，下料需要考虑在规范允许的钢筋断点范围内达到一个钢筋长度最优组合的形式，尽量与钢筋的定尺长度的模数吻合，如钢筋的定尺长度为 9m，那么下料时可下长度 3m、4.5m、6m、12m、13.5m、15m、18m 等，以达到节约人工、机械和钢筋的目的。

（4）优化断料，料单出来以后现场截料时优化、减少短料和废料，尽量减少和缩短钢筋接头，以节约钢筋。

（5）钢筋下料对计算精度要求较高，钢筋的长短、根数和形状都要绝对地正确无误，否则将影响施工工期和质量，浪费人工和材料。预算可以容许一定的误差，这个地方多算了，另一个地方少算可以相互抵消，但下料却不行，尺寸不对无法安装，极有可能造成返工和浪费。

（6）钢筋下料需考虑接头的位置，接头不宜处于构件最大弯矩处，搭接长度的末端钢筋距钢筋弯折处不小于钢筋直径的 10 倍。

3.1.3　钢筋预算

钢筋预算是依据施工图纸、标准图集、国家相关的规范和定额加损耗进行计算，在计算钢筋的接头数量和搭接时主要依据的是定额的规定，主要重视量的准确性。在施工前甚至在可行性研究、规划、方案设计阶段要对钢筋建筑工程进行估算，对钢筋进行估算和概算，不像钢筋下料这样详细。

钢筋预算与钢筋翻样的区别：

（1）钢筋翻样和钢筋预算没有本质上的区别，依据的规范、图集是相同的，只是这么多年来预算人员养成了一个预算就是粗算的习惯，只要得出一个比较准确的结果即可，快速地确定工程造价。具体的工程量在结算时再根据钢筋工长或钢筋翻样人员提供的钢筋配料单与甲方进行结算。其实在前期招标投标阶段如果能准确地计算出钢筋工程量的话，那么后期双方承担的风险就会少了很多，但是前期由于时间的关系及诸多客观原因，其实最重要的原因还是大部分预算人员不了解钢筋工程的加工、绑扎全过程的施工工艺流程及施工现场的实际情况，所以根本也没有办法计算出十分准确的钢筋工程量。

（2）钢筋预算主要重视量的准确性，但是由于钢筋工程本身具有不确定性，计算钢筋的长度及重量不像计算构件的体积及面积之类的工程量，计算土建工程量是根据构件的截面尺寸进行，且数字是唯一的；而计算钢筋工程量时考虑的因素有很多，且站在不同的立场所思考的方式是不尽相同的，即使按照国标规范也有不同的构造做法，几乎不会出现同一工程不同的人计算出的结果完全相同，总会有或多或少的差异，预算只需要在合理的范围内，存在误差是可以的。

（3）钢筋翻样不仅要重视量的准确性，而且钢筋翻样时首先要做到不违背工程设计图纸、设计指定的国家标准图集、国家施工验收规范、各种技术规程的基础上，结合施工方案及现场实际情况，再考虑以合理地利用进场的原材料长度且便于施工为出发点，做到长料长用，短料短用，尽量使废料降到最低损耗；同时，由于翻样工作与现场实际施工密切相关，而且钢筋翻样还与每个翻样的人员经验结合，同时考虑与钢筋工程施工的劳务队伍的操作习惯相结合，从而达到降低工程成本的目的而进行钢筋翻样。

3.2　钢筋弯曲调整值

3.2.1　钢筋弯曲调整值概念

钢筋弯曲调整值又称钢筋"弯曲延伸率"和"度量差值"，这主要是由于钢筋在弯曲过程中外侧表面受拉伸长，内侧表面受压缩短，钢筋中心线长度保持不变。钢筋弯曲后，在弯折点两侧，外包尺寸与中心线弧长之间有一个长度差值，这个长度差值称为弯曲调整值，也叫度量差。

3.2.2 钢筋标注长度和下料长度

钢筋的图示尺寸（图 3-1、图 3-2）与钢筋的下料长度（图 3-3）是两个不同的概念，钢筋图示尺寸是构件截面长度减去钢筋混凝土保护层厚度后的长度。

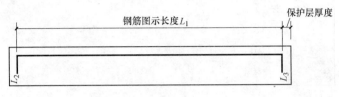

图 3-1 钢筋图示尺寸

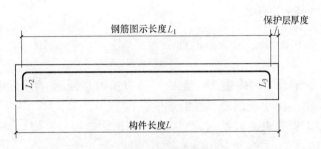

图 3-2 钢筋翻样简图

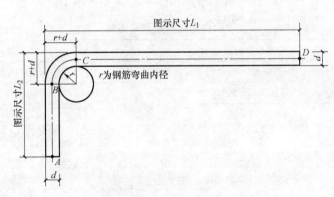

图 3-3 钢筋下料长度

钢筋下料长度是钢筋图示尺寸减去钢筋弯曲调整值后的长度。

钢筋弯曲调整值是钢筋外皮延伸的值，钢筋调整值＝钢筋弯曲范围内钢筋外皮尺寸之和－钢筋弯曲范围内钢筋中心线圆弧周长，这个差值就是钢筋弯曲调整值，是钢筋下料必须考虑的值。

L_1＝构件长度 L－2×保护层厚度，见图 3-2

$$钢筋图示尺寸＝L_1+L_2+L_3$$

《清单计价规范》要求钢筋长度按钢筋图示尺寸计算，所以钢筋的图示尺寸就是钢筋的预算长度。

钢筋的下料长度是钢筋的图示尺寸减去钢筋弯曲调整值。

钢筋下料长度＝$L_1+L_2+L_3$－2×弯曲调整值，钢筋弯曲后钢筋内皮缩短、外皮增长，而中心线不变。由于我们通常按钢筋外皮尺寸标注，所以钢筋下料时须减去钢筋弯曲后的外皮延伸长度。

根据钢筋中心线不变的原理：

钢筋下料长度＝$AB+BC$(弧长)$+CD$，见图 3-3。

设钢筋弯曲 90°，$r=2.5d$

$AB=L_2-(r+d)=L_2-3.5d$

$CD=L_1-(r+d)=L_1-3.5d$

$BC(弧长)=2\times\pi\times\left(r+\dfrac{d}{2}\right)\times90°/360°=4.71d$

钢筋下料长度＝$L_2-3.5d+4.71d+L_1-3.5d=L_1+L_2-2.29d$

3.2.3 钢筋弯曲内径的取值

根据《混凝土结构工程施工质量验收规范》GB 50204—2002（2011 年版）中 5.3.1 条的规定：

（1）HPB235 级钢筋末端应做 180°弯钩，其弯弧内直径不应小于钢筋直径的 2.5 倍，弯钩的弯后平直长度不应小于钢筋直径的 3 倍；

（2）当设计要求钢筋末端需做 135°弯钩时，HPB335 级（二级）、HPB400 级（三级）钢筋的弯弧内直径不应小于钢筋直径的 4 倍；

（3）钢筋制作不大于 90°的弯折时，弯折处的弯弧内直径不小于钢筋直径的 5 倍（表 3-1）。

弯曲内弧半径 R 取值表 表 3-1

序号	钢筋规格的用途	钢筋弯曲内径
1	箍筋、拉筋	1.25 倍的钢筋直径且＞主筋直径/2
2	HPB235 主筋	≥1.25 倍钢筋直径
3	HPB335 主筋	≥2 倍钢筋直径
4	HPB400 主筋	≥2.5 倍钢筋直径
5	楼层框架柱、梁主筋直径≤25mm	4 倍钢筋直径
6	楼层框架柱、梁主筋直径＞25mm	6 倍钢筋直径
7	屋面框架柱、梁主筋直径≤25mm	6 倍钢筋直径
8	屋面框架柱、梁主筋直径＞25mm	8 倍钢筋直径
9	轻骨料混凝土结构 HPR235 主筋	＞2.5 倍钢筋直径

钢筋弯曲调整值推导过程如下：

图 3-4 和图 3-5 中：

d 为钢筋直径；D 为钢筋弯曲直径；r 为钢筋弯曲半径；α 为钢筋弯曲角度。

$$ABC 弧长=\left(r+\frac{d}{2}\right)\times2\pi\times\alpha/360=\left(r+\frac{d}{2}\right)\times\pi\times\alpha/180$$

$$OE=OF=(r+d)\times\tan(\alpha/2)$$

钢筋弯曲调整值

$$=OE+OF-AB 弧长=2\times(r+d)\times\tan(\alpha/2)-\left(r+\frac{d}{2}\right)\times\pi\times\alpha/180$$

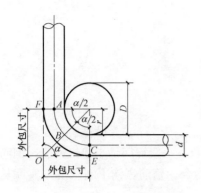

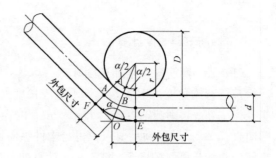

图 3-4　直角型钢筋弯曲示意图　　　　　图 3-5　小于 90°钢筋弯曲示意图

钢筋弯曲 90°中心线弧长=$(R+0.5d)×3.14×90/180$

钢筋弯曲 60°中心线弧长=$(R+0.5d)×3.14×60/180$

钢筋弯曲 45°中心线弧长=$(R+0.5d)×3.14×45/180$

钢筋弯曲 30°中心线弧长=$(R+0.5d)×3.14×30/180$

当钢筋弯弧内径为 $1.25d$ 时，中心线弧长：

钢筋弯曲 90°中心线弧长=$1.75d×3.14×90/180=2.75d$

钢筋弯曲 60°中心线弧长=$1.75d×3.14×60/180=1.83d$

钢筋弯曲 45°中心线弧长=$1.75d×3.14×45/180=1.37d$

钢筋弯曲 30°中心线弧长=$1.75d×3.14×30/180=0.92d$

钢筋弯曲两侧外包尺寸：

钢筋弯曲 90°两侧外包尺寸=$OE+OF=2×2.25d×\tan45°=4.5d$

钢筋弯曲 60°两侧外包尺寸=$OE+OF=2×2.25d×\tan30°=2.6d$

钢筋弯曲 45°两侧外包尺寸=$OE+OF=2×2.25d×\tan22.5°=1.86d$

钢筋弯曲 30°两侧外包尺寸=$OE+OF=2×2.25d×\tan15°=1.21d$

钢筋弯曲调整值=外包尺寸之和-中心线弧长

钢筋弯曲 90°弯曲调整值=$4.5d-2.75d=1.75d$

钢筋弯曲 60°弯曲调整值=$2.6d-1.83d=0.77d$

钢筋弯曲 45°弯曲调整值=$1.86d-1.37d=0.49d$

钢筋弯曲 30°弯曲调整值=$1.21d-0.92d=0.29d$

其他角度和弯曲内径弯曲调整值以此类推，钢筋弯曲调整值见表 3-2。

钢筋弯曲调整值　　　　　　　　　　　　表 3-2

弯曲内半径 弯曲角度	$R=1.25d$	$R=2.5d$	$R=3d$	$R=4d$	$R=6d$	$R=8d$
30°	0.29	0.3	0.31	0.32	0.35	0.37
45°	0.49	0.54	0.56	0.61	0.7	0.79
60°	0.77	0.9	0.96	1.06	1.28	1.5
90°	1.75	2.29	2.5	2.93	3.79	4.65

3.3 弯钩长度计算

3.3.1 箍筋下料长度计算

（1）135°箍筋弯钩增加长度计算

箍筋弯钩角度为135°，弯钩平直段长度大于$10d$且不少于75mm，设箍筋135°弯曲内半径为$1.25d$，则圆轴直径为$D=2.5d$（内径$R=1.25d$），一般箍筋是小规格钢筋，钢筋弯曲直径$2.5d$即可满足要求，也与构件纵向钢筋比较吻合。箍筋弯钩下料长度其实就是箍筋中心线长度（图3-6、图3-7），计算如下：

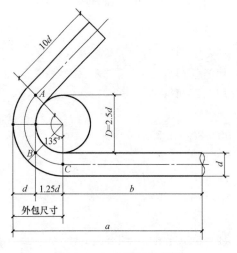

图3-6　135°弯钩示意图

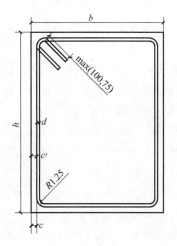

图3-7　箍筋图

中心线长度$=b+ABC(弧长)+10d$

135°的中心线$ABC(弧长)$

$$=\left(R+\frac{d}{2}\right)\times\pi\times\theta/180=(1.25d+0.5d)\times3.14\times135/180=4.12d$$

135°弯钩外包长度$=d+1.25d=2.25d$

135°弯钩钢筋量度差$=2.25d-4.12d=-1.87d\approx-1.9d$

$b=$箍筋边长$a-$箍筋直径$-$箍筋弯曲内径$=a-d-1.25d=a-2.25d$

设箍筋平直段长度为$10d$，则

箍筋弯钩下料长度$=b+4.12d+10d=a-2.25d+4.12d+10d=a+11.9d$

（2）箍筋下料长度计算

图3-7所示箍筋下料长度$=(b+h)\times2-8c+1.9d\times2+\max(10d,75)\times2-3\times1.75d$

箍筋135°弯钩下料长度$11.9d$是按钢筋中心线推导，已考虑了钢筋弯曲延伸值，所以在计算箍筋下料长度时只需扣除其他3个直角的弯曲调整值即可。

如果对箍筋弯曲内径有特殊要求，那么弯钩长度重新计算。

（3）箍筋外包预算长度

图3-7所示箍筋下料长度$=(b+h)\times2-8c+1.9d\times2+\max(10d,75)\times2$

3.3.2 180°弯钩长度推导

根据规范要求受拉的 HPB300 级钢筋末端应做 180°弯钩，其弯钩的内直径不少于 2.5 倍钢筋直径，弯钩平直段长度不小于 $3d$。

180°弯钩长度计算如图 3-8 所示。

中心线长$=b+ABC(弧长)+3d=b+\pi\times(0.5D+0.5d)+3d$

将 $D=2.5d$ 代入得

$=b+\pi\times(0.5\times2.5d+0.5d)+3d=b+8.495d$

令 $b+2.25d=a$，代入上式得

$=b+8.495d=a-2.25d+8.495d=a+6.25d$

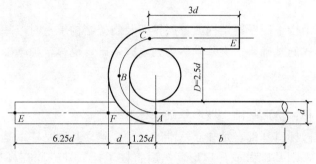

图 3-8　180°弯钩计算图

75

第4章　独立基础钢筋

4.1　概述

4.1.1　定义

当建筑物上部结构采用框架结构或单层排架及门架结构承重时，基础常采用方形、圆柱形和多边形等形式的基础，这类基础称为独立式基础，也称单独基础。

4.1.2　分类

独立基础分三种：阶形基础、坡形基础、杯形基础。

杯形基础又叫做杯口基础，是独立基础的一种。独立基础是柱下基础的基本形式，当柱采用预制构件时，则基础做成杯口形，然后将柱子插入并嵌固在杯口内，故称杯形基础。多用于预制排架结构的工业厂房和各种单层结构的厂房和支架。

当采用装配式钢筋混凝土柱时，在基础中应预留安放柱子的孔洞，孔洞的尺寸应比柱子断面尺寸大一些。柱子放入孔洞后，柱子周围用细石混凝土（比基础混凝土强度高一级）浇筑，这种基础称为杯口基础（又称杯形基础）。杯口基础根据基础本身的高低和形状分为两种：一种叫普通杯口基础；另一种叫高杯口基础。高杯口基础和杯形基础的区别是基础本身的高低不同。所以有人说：高杯口基础是指在截面很大的混凝土柱子上面再做杯口基础。

4.2　独立基础钢筋计算

请计算图 4-1 所示独立基础各种钢筋，其详细尺寸及配筋见表 4-1。

基础的环境描述如下：

抗震等级：非抗震。

混凝土强度等级：C30；基础中钢筋强度等级为 HRB400。

独立基础纵筋保护层厚度为 40mm。

J1~J4 基础一览表　　　　　　　　　　　　　　　　表 4-1

J*	A	B	a	b	h_1	h_2	钢筋1	钢筋2
J1	1900	1900	500	500	250	150	Φ10@120	Φ10@110
J2	2200	2200	600	500	250	150	Φ10@120	Φ12@100

J*	A	B	a	b	h_1	h_2	钢筋1	钢筋2
J3	3000	1900	600	500	250	250	Φ10@100	Φ12@110
J4	4800	3900	500	500	400	500	Φ14@110	Φ14@110

注：1. 独立基础钢筋放置不小于时，长向钢筋在下。

2. 当独立基础的边长不小于2.5m时，底板受力钢筋的长度可取边长或宽度的0.9倍，并宜交错布置（最外边钢筋除外）。

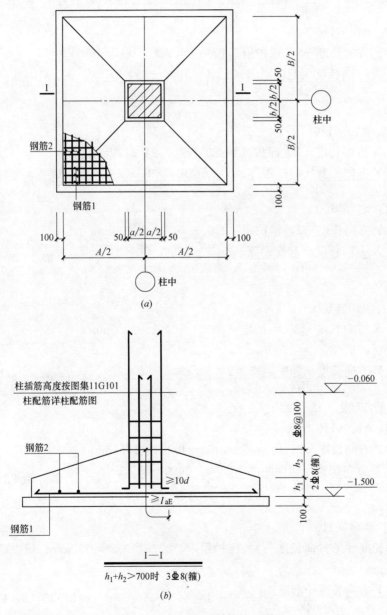

图 4-1　J1～J4 基础结构施工图

(a) J1～J4 平面图；(b) A—A 平面图

4.2.1 J1～J4 独立基础

根据图纸要求当基础边长大于 2.5m 时，底板受力钢筋的长度可取边长或宽度的 0.9 倍，并交错布置，其构造按照 11G101—3 第 63 页设置。钢筋起配距离为间距的一半。

（1）J1

X 方向：$\Phi 10@120$

长度＝X 方向长度－2×保护层＝1900－40×2＝1820mm

$$根数＝\frac{Y方向长度－起配距离×2}{间距}+1＝\frac{1900－60×2}{120}+1＝15.83，取 16 根$$

Y 方向：$\Phi 10@110$

长度＝Y 方向长度－2×保护层＝1900－40×2＝1820mm

$$根数＝\frac{X方向长度－起配距离×2}{间距}+1＝\frac{1900－55×2}{110}+1＝17.27，取 18 根$$

（2）J2

X 方向：$\Phi 10@120$

长度＝X 方向长度－2×保护层＝2200－40×2＝2120mm

$$根数＝\frac{Y方向长度－起配距离×2}{间距}+1＝\frac{2200－60×2}{120}+1＝18.33，取 19 根$$

Y 方向：$\Phi 12@100$

长度＝Y 方向长度－2×保护层＝2200－40×2＝2120mm

$$根数＝\frac{X方向长度－起配距离×2}{间距}+1＝\frac{2200－50×2}{100}+1＝22，取 22 根$$

（3）J3

X 方向：$\Phi 10@100$

长度＝X 方向长度－2×保护层＝3000－40×2＝2920mm

短纵筋：0.9×3000＝2700mm

$$根数＝\frac{Y方向长度－起配距离×2}{间距}+1＝\frac{1900－50×2}{100}+1＝19，取 19 根，其中长纵筋$$

2 根，短纵筋 17 根

Y 方向：$\Phi 12@110$

长度＝Y 方向长度－2×保护层＝1900－40×2＝1820mm

$$根数＝\frac{X方向长度－起配距离×2}{间距}+1＝\frac{3000－55×2}{110}+1＝27.27，取 28 根$$

（4）J4

X 方向：$\Phi 14@110$

长纵筋长度＝X 方向长度－2×保护层＝4800－40×2＝4720mm，短纵筋长度：0.9×4800＝4320mm

$$根数＝\frac{Y方向长度－起配距离×2}{间距}+1＝\frac{3900－55×2}{110}+1＝35.45，取 36 根，其中长$$

纵筋 2 根，短纵筋 34 根

Y 方向：$\Phi 14@110$

78

长度＝Y 方向长度－2×保护层

　　＝3900－40×2＝3820mm，短纵筋：0.9×3900＝3510mm

根数＝$\dfrac{X\ 方向长度-起配距离×2}{间距}+1=\dfrac{4800-55×2}{110}+1=43.63$，取 44 根，其中长

纵筋 2 根，短纵筋 42 根

4.2.2　联合基础

联合基础 J5

如图 4-2 所示为某联合基础断面图及平面图，请计算其钢筋量。

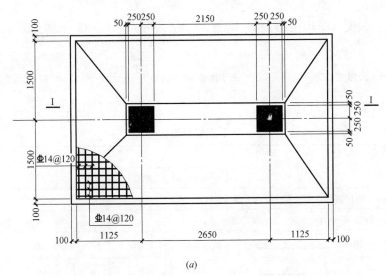

(a)

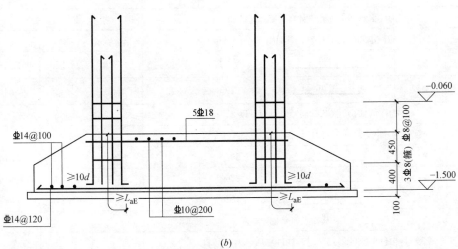

(b)

图 4-2　J5 基础结构施工图

(a) J5 平面图；(b) I—I 断面图

底部纵筋

X 方向：长度＝X 方向长度－2×保护层

长度＝1125＋2650＋1125－40×2＝4820mm，短纵筋：0.9×4900＝4410mm

根数＝$\frac{1500×2－60×2}{120}$＋1＝25，取 25 根，其中长纵筋 2 根，短纵筋 23 根

Y 方向：

长度＝Y 方向长度－2×保护层

　　＝1500×2－40×2＝2920mm，短纵筋：0.9×3000＝2700mm

根数＝$\frac{1125＋2650＋1125－40}{100}$＋1＝49.6，取 50 根，其中长纵筋 2 根，短纵筋 48 根

顶部附加钢筋，根据 11G101—1 第 61 页计算，基础按照非抗震计算，顶部 X 方向纵筋的锚固长度 $l_a＝35d$

X 方向：长度＝2650－250×2＋l_a×2＝2650－250×2＋35×18×2＝3410mm，根数为 5 根

分布筋：长度＝3000－40×2＝2920mm，根数＝$\frac{3410－40×2}{200}$＋1＝17.65，取 18 根

钢筋明细如表 4-2 所示。

钢筋明细表　　　　　　　　　　　　　　　　　　　　　　表 4-2

工程名称:独立基础								
序号	级别直径	简图		单长(mm)	总根数(根)	总长(m)	总重(kg)	备注
构件信息:0 层(基础层)\基础\J1_B/2								
个数:1,构件单质(kg):38.182,构件总质(kg):38.182								
1	Φ10	1820		1820	16	29.12	17.968	基础横向筋
2	Φ10	1820		1820	18	32.76	20.214	基础纵向筋
构件信息:0 层(基础层)\基础\J2_C/2								
个数:1,构件单质(kg):66.278,构件总质(kg):66.278								
1	Φ10	2120		2120	19	40.28	24.852	基础横向筋
2	Φ12	2120		2120	22	46.64	41.426	基础纵向筋
构件信息:0 层(基础层)\基础\J3_D/2								
个数:1,构件单质(kg):77.174,构件总质(kg):77.174								
1	Φ10	2920		2920	2	5.84	3.604	基础横向筋
2	Φ10	2700		2700	17	45.9	28.322	基础横向筋
3	Φ12	1820		1820	28	50.96	45.248	基础纵向筋
构件信息:0 层(基础层)\基础\J4_A/2								
个数:1,构件单质(kg):376.16,构件总质(kg):376.16								
1	Φ14	4720		4720	2	9.44	11.404	基础横向筋
2	Φ14	4320		4320	34	146.88	177.446	基础横向筋
3	Φ14	3820		3820	2	7.64	9.23	基础纵向筋
4	Φ14	3510		3510	42	147.42	178.08	基础纵向筋

序号	级别直径	简图	单长(mm)	总根数(根)	总长(m)	总重(kg)	备注
工程名称:独立基础							
构件信息:0层(基础层)\基础\J5_B/3							
个数:1,构件单质(kg):361.036,构件总质(kg):361.036							
1	Φ14	4820	4820	2	9.64	11.646	基础横向筋
2	Φ14	4410	4410	23	101.43	122.521	基础横向筋
3	Φ14	2920	2920	2	5.84	7.054	基础纵向筋
4	Φ14	2700	2700	47	126.9	153.314	基础纵向筋
5	Φ18	3410	3410	5	17.05	34.065	自定义配筋
6	Φ10	2920	2920	18	52.56	32.436	自定义配筋

第 5 章 条 形 基 础

5.1 概述

5.1.1 定义

条形基础是指基础长度远远大于宽度的一种基础形式。按上部结构分为墙下条形基础和柱下条形基础。基础的长度大于或等于 10 倍基础的宽度。条形基础的特点是，布置在一条轴线上且与两条以上轴线相交，有时也和独立基础相连，但截面尺寸与配筋不尽相同。另外，横向配筋为主要受力钢筋，纵向配筋为次要受力钢筋或者是分布钢筋。主要受力钢筋布置在下面。

5.1.2 分类

墙下条形基础和柱下独立基础（单独基础）统称为扩展基础。扩展基础的作用是把墙或柱的荷载侧向扩展到土中，使之满足地基承载力和变形的要求。扩展基础包括无筋扩展基础和钢筋混凝土扩展基础。

（1）无筋扩展基础

无筋扩展基础系指由砖、毛石、混凝土或毛石混凝土、灰土和三合土等材料组成的无须配置钢筋的墙下条形基础或柱下独立基础。无筋基础的材料都具有较好的抗压性能，但抗拉、抗剪强度都不高，为了使基础内产生的拉应力和剪应力不超过相应的材料强度设计值，设计时需要加大基础的高度。因此，这种基础几乎不发生挠曲变形，故习惯上把无筋基础称为刚性基础。

无筋扩展基础适用于多层民用建筑和轻型厂房。无筋扩展基础的抗拉强度和抗剪强度较低，因此必须控制基础内的拉应力和剪应力。结构设计时可以通过控制材料强度等级和台阶宽高比（台阶的宽度与其高度之比）来确定基础的截面尺寸，而无须进行内力分析和截面强度计算。

由于台阶宽高比的限制，无筋扩展基础的高度一般都较大，但不应大于基础埋深，否则，应加大基础埋深或选择刚性角较大的基础类型（如混凝土基础），如仍不满足，可采用钢筋混凝土基础。

（2）钢筋混凝土扩展基础

《建筑地基基础设计规范》GB 50007—2011 中规定用钢筋混凝土建造的基础，抗弯能力强，不受刚性角限制，称为扩展基础。将上部结构传来的荷载，通过向侧边扩展成一定底面积，使作用在基底的压应力等于或小于地基土的允许承载力，而基础内部的应力应同时满足材料本身的强度要求，这种起到压力扩散作用的基础称为扩展基础。系指柱下钢筋混凝土独立基础和墙下钢筋混凝土条形基础。

5.2 条形基础

5.2.1 条形基础配筋图

1. 平面图

图 5-1 所示为某条形基础平面图。

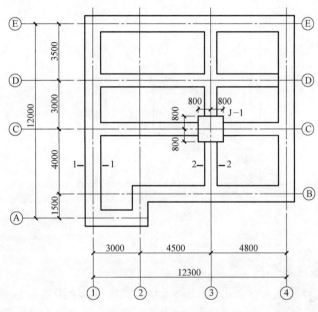

图 5-1 某条形基础平面图

2. 断面图

图 5-2 所示为外墙条基断面图，图 5-3 所示为内墙条基断面图。

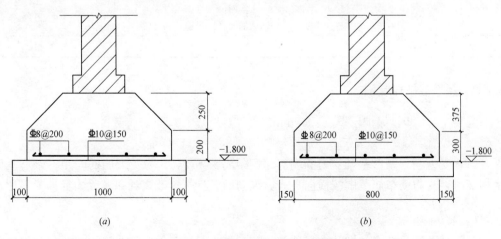

(a)   (b)

图 5-2 外墙及内墙条基断面图

(a) 1—1 外墙条基断面图；(b) 2—2 内墙条基断面图

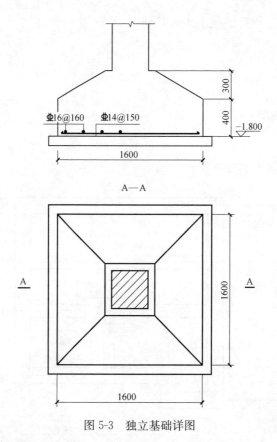

A—A

图 5-3 独立基础详图

3. 条形基础钢筋布置

由图 5-2 可知，外墙条基 1 宽度为 1000mm，受力筋为 $\Phi10@150$，分布钢筋为 $\Phi8@200$，内墙条基 2 宽度为 800mm，受力筋为 $\Phi10@150$，分布钢筋为 $\Phi8@200$。

4. 条形基础钢筋分析，见表 5-1。

条形基础要计算的钢筋

表 5-1

受力筋	1—1 剖面：1、3 号筋	长度、根数
	2—2 剖面：1、3 号筋	
分布筋	1—1 剖面：2 号、4 号筋	长度、根数

5.2.2 条形基础环境

混凝土：C30，保护层厚度：40mm。

计算设置：

(1) 受力筋：条形基础受力筋端部起配距离为 $S/2$，S 为受力筋的间距；条形基础十字相交时，受力筋布筋范围按横向贯通、纵向断开计算；非贯通条基受力筋伸入贯通条基内的长度为 $\frac{b}{4}$，b 为条基的宽度。

(2) 分布筋：条形基础分布筋端部起配距离为 $S/2$，S 为分布筋的间距；非贯通条基受力筋伸入贯通条基内的长度为 150mm；分布筋伸入独立基础内的长度为 $15d$；L 形相交

84

条基分布筋按非贯通计算。

　　（3）条基 1 宽即外墙条基的宽度为 1000mm，条基 2 宽即内墙墙条基的宽度为 800mm。

5.2.3　条形基础钢筋计算

1. 1—1 剖面

（1）①/Ⓐ-Ⓔ轴

受力筋：长度＝条基宽度－保护层×2

$$=1000-40\times2=920mm$$

$$根数=\frac{条基外边线-2\times起配距离}{间距}+1$$

$$=\frac{12000+500\times2-75\times2}{150}+1=86.67，取 87 根$$

分布筋：长度＝轴线长－$\frac{1}{2}$条基 1 宽度×2＋搭接长度×2

$$=12000-\frac{1}{2}\times1000\times2+150\times2=11300mm$$

$$根数=\frac{条基 1 宽-起配距离}{间距}+1=\frac{1000-100\times2}{200}+1=5 根$$

（2）④/Ⓑ-Ⓔ轴

受力筋：长度＝条基宽度－保护层×2

$$=1000-40\times2=920mm$$

$$根数=\frac{条基外边线-2\times起配距离}{间距}+1$$

$$=\frac{4000+3000+3500+500\times2-75\times2}{150}+1=76.67，取 77 根$$

分布筋：长度＝轴线长－$\frac{1}{2}$条基 1 宽度×2＋搭接长度×2

$$=10500-\frac{1}{2}\times1000\times2+150\times2=9800mm$$

$$根数=\frac{条基 1 宽-起配距离}{间距}+1=\frac{1000-100\times2}{200}+1=5 根$$

（3）Ⓐ/①-②轴

受力筋：长度＝条基宽度－保护层×2

$$=1000-40\times2=920mm$$

$$根数=\frac{条基外边线-2\times起配距离}{间距}+1$$

$$=\frac{3000+500\times2-75\times2}{150}+1=26.67，取 27 根$$

分布筋：长度＝轴线长－$\frac{1}{2}$条基 1 宽度×2＋搭接长度×2

$$=3000-\frac{1}{2}\times1000\times2+150\times2=2300mm$$

$$根数 = \frac{条基1宽-起配距离}{间距}+1=\frac{1000-100\times2}{200}+1=5\ 根$$

（4）②/Ⓐ-Ⓑ轴

受力筋：长度＝条基宽度－保护层×2
$$=1000-40\times2=920mm$$

$$根数=\frac{条基外边线-2\times起配距离}{间距}+1$$

$$=\frac{1500+500\times2-75\times2}{150}+1=16.67，取17根$$

分布筋：长度＝轴线长－$\frac{1}{2}$条基1宽度×2＋搭接长度×2

$$=1500-\frac{1}{2}\times1000\times2+150\times2=800mm$$

$$根数=\frac{条基1宽-起配距离}{间距}+1=\frac{1000-100\times2}{200}+1=5\ 根$$

（5）Ⓑ/②-④轴

受力筋：长度＝条基宽度－保护层×2
$$=1000-40\times2=920mm$$

$$根数=\frac{条基外边线-2\times起配距离}{间距}+1$$

$$=\frac{4500+4800+500\times2-75\times2}{150}+1=68.67，取69根$$

分布筋：长度＝轴线长－$\frac{1}{2}$条基1宽度×2＋搭接长度×2

$$=9300-\frac{1}{2}\times1000\times2+150\times2=8600mm$$

$$根数=\frac{条基1宽-起配距离}{间距}+1=\frac{1000-100\times2}{200}+1=5\ 根$$

（6）Ⓔ/①-④轴

受力筋：长度＝条基宽度－保护层×2
$$=1000-40\times2=920mm$$

$$根数=\frac{条基外边线-2\times起配距离}{间距}+1$$

$$=\frac{12300+500\times2-75\times2}{150}+1=88.67，取89根$$

分布筋：长度＝轴线长－$\frac{1}{2}$条基1宽度×2＋搭接长度×2

$$=12300-\frac{1}{2}\times1000\times2+150\times2=11600mm$$

$$根数=\frac{条基1宽-起配距离}{间距}+1=\frac{1000-100\times2}{200}+1=5\ 根$$

2. 2－2 剖面

（1）Ⓒ/①-③轴

86

受力筋：长度＝条基宽度－保护层×2

$$=800-40\times2=720\text{mm}$$

$$根数=\frac{条基外边线-\frac{1}{2}\times条基1宽-\frac{1}{2}\times独基宽+\frac{1}{4}\times条基1宽}{间距}+1$$

$$=\frac{3000+4500-500-800+\frac{1}{4}\times1000}{200}+1=33.25，取34根$$

分布筋：长度＝轴线长－$\frac{1}{2}$条基1宽度－独基宽/2＋搭接长度＋伸入独基内长度（15d）

$$=3000+4500-500-800+150+15\times8=6470\text{mm}$$

$$根数=\frac{条基1宽-起配距离}{间距}+1=\frac{800-100\times2}{200}+1=4根$$

（2）ⓒ/③-④轴

受力筋：长度＝条基宽度－保护层×2

$$=800-40\times2=720\text{mm}$$

$$根数=\frac{条基2轴线长-\frac{1}{2}独基宽-\frac{1}{2}条基1宽+\frac{1}{4}条基2宽}{间距}+1$$

$$=\frac{4800-800-500+\frac{1}{4}\times1000}{200}+1=19.75，取20根$$

分布筋：长度＝轴线长－$\frac{1}{2}$独基宽－$\frac{1}{2}$条基1宽度＋搭接长度＋伸入独基内长度（15d）

$$=4800-800-\frac{1}{2}\times1000+150+15\times8=3770\text{mm}$$

$$根数-\frac{条基1宽-起配距离}{间距}+1=\frac{800-100\times2}{200}+1=4根$$

（3）Ⓓ/①-④轴

受力筋：长度＝条基宽度－保护层×2

$$=800-40\times2=720\text{mm}$$

$$根数=\frac{条基外边线-\frac{1}{2}\times条基1宽\times2+\frac{1}{4}\times条基1宽\times2}{间距}+1$$

$$=\frac{12300-500\times2+\frac{1}{4}\times1000\times2}{200}+1=60，取60根$$

分布筋：长度＝轴线长－$\frac{1}{2}$条基1宽度×2＋搭接长度×2

$$=12300-\frac{1}{2}\times1000\times2+150\times2=11600\text{mm}$$

$$根数=\frac{条基1宽-起配距离}{间距}+1=\frac{800-100\times2}{200}+1=4根$$

（4）③/Ⓑ-ⓒ轴

受力筋：长度＝条基宽度－保护层×2

$$=800-40\times2=720\text{mm}$$

根数＝$\dfrac{\text{条基 2 轴线长}-\dfrac{1}{2}\text{独基宽}-\dfrac{1}{2}\text{条基 1 宽}+\dfrac{1}{4}\text{条基 1 宽}}{\text{间距}}+1$

$$=\dfrac{4000-800-500+\dfrac{1}{4}\times1000}{200}+1=15.75\text{，取 16 根}$$

分布筋：长度＝轴线长－$\dfrac{1}{2}$条基 1 宽度＋搭接长度＋伸入基础内长度（15d）

$$=4000-800-\dfrac{1}{2}\times1000+150+15\times8=2970\text{mm}$$

根数＝$\dfrac{\text{条基 1 宽}-\text{起配距离}}{\text{间距}}+1=\dfrac{800-100\times2}{200}+1=4\text{ 根}$

（5）③/Ⓒ-Ⓓ轴

受力筋：长度＝条基宽度－保护层×2

$$=800-40\times2=720\text{mm}$$

根数＝$\dfrac{\text{条基 2 轴线长}-\dfrac{1}{2}\times\text{独基宽}-\dfrac{1}{2}\times\text{条基宽}+\dfrac{1}{4}\times\text{条基 2 宽}}{\text{间距}}+1$

$$=\dfrac{3000-800-400+\dfrac{1}{4}\times800}{200}+1=11\text{，取 11 根}$$

分布筋：长度＝轴线长－$\dfrac{1}{2}$独基宽－$\dfrac{1}{2}$条基 2 宽度＋搭接长度＋伸入基础内长度（15d）

$$=3000-800-\dfrac{1}{2}\times800+150+15\times8=2070\text{mm}$$

根数＝$\dfrac{\text{条基 1 宽}-\text{起配距离}}{\text{间距}}+1=\dfrac{800-100\times2}{200}+1=4\text{ 根}$

（6）③/Ⓓ-Ⓔ轴

受力筋：长度＝条基宽度－保护层×2

$$=800-40\times2=720\text{mm}$$

根数＝$\dfrac{\text{条基 2 轴线长}-\dfrac{1}{2}\times\text{条基 1 宽}-\dfrac{1}{2}\times\text{条基 2 宽}+\dfrac{1}{4}\times\text{条基 1 宽}+\dfrac{1}{4}\times\text{条基 2 宽}}{\text{间距}}$

$+1$

$$=\dfrac{3500-500-400+\dfrac{1}{4}\times1000+\dfrac{1}{4}\times800}{200}+1=16.25\text{，取 17 根}$$

分布筋：长度＝轴线长－$\dfrac{1}{2}$条基 1 宽度－$\dfrac{1}{2}$条基 2 宽度＋搭接长度×2

$$=3500-500-400+150\times2=2900\text{mm}$$

根数＝$\dfrac{\text{条基 1 宽}-\text{起配距离}}{\text{间距}}+1=\dfrac{800-100\times2}{200}+1=4\text{ 根}$

88

条基钢筋明细见表 5-2。

<table>
<tr><td colspan="9" align="center">钢筋明细表</td><td>表 5-2</td></tr>
</table>

序号	级别直径	简图	单长(mm)	总根数(根)	总长(m)	总重(kg)	备注
工程名称:条基							
构件信息:0 层(基础层)\基础\J1_C/3							
个数:1,构件单质(kg):40.392,构件总质(kg):40.392							
1	Φ14	1520	1520	11	16.72	20.196	基础横向筋
2	Φ14	1520	1520	11	16.72	20.196	基础纵向筋
构件信息:0 层(基础层)\基础\TJB1000_A-E/1							
个数:1,构件单质(kg):94.169,构件总质(kg):94.169							
1	Φ12	920	920	87	80.04	71.079	受力筋@150
2	Φ8	11300	11692	5	58.46	23.09	分布筋@200
构件信息:0 层(基础层)\基础\TJB1000_1-4/E							
个数:1,构件单质(kg):96.398,构件总质(kg):96.398							
1	Φ12	920	920	89	81.88	72.713	受力筋@150
2	Φ8	11600	11992	5	59.96	23.685	分布筋@200
构件信息:0 层(基础层)\基础\TJB1000_B-E/4							
个数:1,构件单质(kg):83.039,构件总质(kg):83.039							
1	Φ12	920	920	77	70.84	62.909	受力筋@150
2	Φ8	9800	10192	5	50.96	20.13	分布筋@200
构件信息:0 层(基础层)\基础\TJB1000_2-4/B							
个数:1,构件单质(kg):73.358,构件总质(kg):73.358							
1	Φ12	920	920	69	63.48	56.373	受力筋@150
2	Φ8	8600	8600	5	43	16.985	分布筋@200
构件信息:0 层(基础层)\基础\TJB1000_A-B/2							
个数:1,构件单质(kg):15.469,构件总质(kg):15.469							
1	Φ12	920	920	17	15.64	13.889	受力筋@150
2	Φ8	800	800	5	4	1.58	分布筋@200
构件信息:0 层(基础层)\基础\TJB1000_1－2/A							
个数:1,构件单质(kg):26.604,构件总质(kg):26.604							
1	Φ12	920	920	27	24.84	22.059	受力筋@150
2	Φ8	2300	2300	5	11.5	4.545	分布筋@200

序号	级别直径	简图	单长(mm)	总根数(根)	总长(m)	总重(kg)	备注
工程名称:条基							
构件信息:0 层(基础层)\基础\TJB800_1-4/D							
个数:1,构件单质(kg):45.588,构件总质(kg):45.588							
1	Φ10	720	720	60	43.2	26.64	受力筋@200
2	Φ8	11600	11992	4	47.968	18.948	分布筋@200
构件信息:0 层(基础层)\基础\TJB800_D-C/3							
个数:1,构件单质(kg):8.156,构件总质(kg):8.156							
1	Φ10	720	720	11	7.92	4.884	受力筋@200
2	Φ8	2070	2070	4	8.28	3.272	分布筋@200
构件信息:0 层(基础层)\基础\TJB800_D-E/3							
个数:1,构件单质(kg):12.132,构件总质(kg):12.132							
1	Φ10	720	720	17	12.24	7.548	受力筋@200
2	Φ8	2900	2900	4	11.6	4.584	分布筋@200
构件信息:0 层(基础层)\基础\TJB800_1-3/C							
个数:1,构件单质(kg):24.876,构件总质(kg):24.876							
1	Φ10	720	720	33	23.76	14.652	受力筋@200
2	Φ8	6470	6470	4	25.88	10.224	分布筋@200
构件信息:0 层(基础层)\基础\TJB800_B-C/3							
个数:1,构件单质(kg):11.796,构件总质(kg):11.796							
1	Φ10	720	720	16	11.52	7.104	受力筋@200
2	Φ8	2970	2970	4	11.88	4.692	分布筋@200
构件信息:0 层(基础层)\基础\TJB800_4-3/C							
个数:1,构件单质(kg):14.836,构件总质(kg):14.836							
1	Φ10	720	720	20	14.4	8.88	受力筋@200
2	Φ8	3770	3770	4	15.08	5.956	分布筋@200

第6章 桩 承 台

6.1 概述

承台定义:

承台指的是为承受、分布由墩身传递的荷载,在基桩顶部设置的联结各桩顶的钢筋混凝土平台,是桩与柱或墩联系的部分。承台把几根,甚至十几根桩联系在一起形成桩基础。承台分为高桩承台和低桩承台:低桩承台一般埋在土中或部分埋进土中,高桩承台一般露出地面或水面。高桩承台由于具有一段自由长度,其周围无支撑体共同承受水平外力。基桩的受力情况极为不利。桩身内力和位移都比同样水平外力作用下低桩承台要大,其稳定性因而比低桩承台差。

6.2 桩承台

6.2.1 矩形承台

承台套用图集苏 G05-2005,高度均为 $H=1250$mm,混凝土强度等级为 C40,承台钢筋保护层厚度为 50mm,抗震等级为非抗震,CT1~CT7 配筋如下所示:

CT1 1FZCT3.5-50-180,9Φ14@120,6Φ12

CT2-2FZCT3.5-50-180,10Φ22,10Φ22,Φ10@200(4)

CT3-3FZCT3.5-50-180b,9Φ22,9Φ22

CT4-4FZCT3.5-50-1800,25Φ22@110

CT5-5FZCT3.5-50-180a,35Φ22@100

CT6-6FZCT3.5-50-180,30Φ25@90,45Φ18@100

CT7-7FZCT3.5-50-180a,37Φ20@110,41Φ20@110

1. 单桩矩形承台 CT1 钢筋计算

CT1 为单桩承台,如图 6-1 所示其配筋根据苏 G05-2005 第 4 页设置,如图 6-2 所示,$A=500$mm,承台高度 $H=1250$mm,1 号钢筋为 9Φ14@120,②号钢筋为 6Φ12。

(1)X 方向箍筋:

长度=(X 方向长度-2×保护层厚度)×2+(承台高度 H-2×保护层厚度)×2+1.9d+2×max(10d,75)

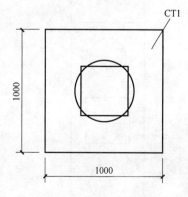

图 6-1 承台 CT1 平面图

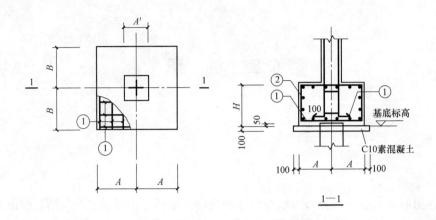

图 6-2 单桩承台 CT1 配筋构造

当 $10d > 75$mm 时，$1.9d + 2 \times \max(10d, 75) = 23.8d$

$(1000 - 2 \times 50) \times 2 + (1250 - 2 \times 50) + 23.8 \times 14 = 4433$mm

（2）Y 方向箍筋：

长度 =（Y 方向长度 $- 2 \times$ 保护层厚度）$\times 2 +$（承台高度 $H - 2 \times$ 保护层厚度 $- 2 \times X$ 方向箍筋直径）$\times 2 + 1.9d + 2 \times \max(10d, 75)$

当 $10d > 75$mm 时，$1.9d + 2 \times \max(10d, 75) = 23.8d$

$(1000 - 2 \times 50) \times 2 + (1250 - 2 \times 50 - 2 \times 14) \times 2 + 23.8 \times 14 = 4377$mm

（3）Z 方向箍筋：

长度 =（X 方向长度 $- 2 \times$ 保护层厚度 $- Y$ 方向箍筋直径）$\times 2 +$（Y 方向长度 $- 2 \times$ 保护层厚度 $- X$ 方向箍筋直径）$\times 2 + 1.9d + 2 \times \max(10d, 75)$

当 $10d > 75$mm 时，$1.9d + 2 \times \max(10d, 75) = 23.8d$

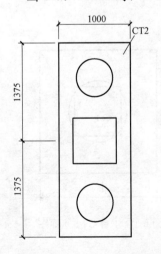

$(1000 - 2 \times 50 - 2 \times 14) \times 2 + (1000 - 2 \times 50 - 2 \times 14) \times 2 + 23.8 \times 14 = 3374$mm

2. 双桩承台梁 CT2 钢筋计算

CT2 为双桩承台梁，上部纵筋为 10Φ22，下部纵筋为 10Φ22，上部和下部纵筋弯折长度按 $10d$ 计算。箍筋为 Φ10@200（4），小箍筋按箍住 4 根纵筋计算（图 6-3）。

（1）上部纵筋长度 = 承台梁长度 $- 2 \times$ 保护层 + 弯折 $\times 2$

$= 1375 \times 2 - 2 \times 50 + 10 \times 22 \times 2 = 3090$mm

下部纵筋长度与上部纵筋长度相同 $= 1375 \times 2 - 2 \times 50 + 10 \times 22 \times 2 = 3090$mm

（2）箍筋长度及根数计算

大箍筋长度 =（承台梁宽度 $- 2 \times$ 保护层厚度）$\times 2 +$（承

图 6-3 双桩承台 CT2 平面图

台梁高度 $- 2 \times$ 保护层厚度）$\times 2 + 23.8 \times$ 箍筋直径

$$= (1000 - 2 \times 50) \times 2 + (1250 - 2 \times 50) \times 2 + 23.8 \times 10 = 4338mm$$

小箍筋长度：

$$主筋间距 = \frac{承台梁宽度 - 2 \times 保护层厚度 - 2 \times 箍筋直径 - 角筋直径}{上部纵筋根数 - 1}$$

$$= \frac{1000 - 2 \times 50 - 2 \times 10 - 22}{9} = 95.33mm$$

小箍筋长度

$$= (95.33 \times 3 + 2 \times 10 + 22) \times 2 + (1250 - 2 \times 50) \times 2 + 23.8 \times 10 = 3194mm$$

$$小箍筋根数 = \frac{承台梁长度 - 2 \times 起布距离}{间距} + 1$$

$$= \frac{1375 \times 2 - 2 \times 50}{200} + 1 = 14.25，取 15 根$$

3. 等边三桩承台 CT3 钢筋计算

按照"苏 G05-2005"第 10 页编号为"3FZCT3.5-50-180b"的承台设置 CT3-3FZCT3.5-50-180b 的配筋，承台底边及斜边钢筋间距取 100mm，满足 12G901—3 中第 4-4 页对等边桩桩承台钢筋排布的要求，即"三桩承台最里侧的三根钢筋围成的三角形应在柱截面范围内"（图 6-4）。

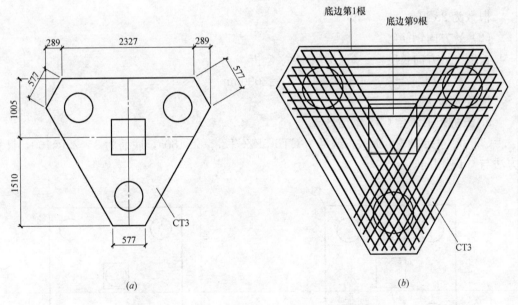

图 6-4　CT3-3FZCT3.5-50-180b 承台尺寸及配筋

(a) CT3-3FZCT3.5-50-180b 尺寸；(b) CT3-3FZCT3.5-50-180b 尺寸

（1）底边纵筋长度计算

第 1 根~第 5 根钢筋长度不断增大，相邻两根钢筋长度相差 115.4734mm，公式为：

$$100 \times \tan 30° \times 2 = 200 \times \frac{\sqrt{3}}{3} = 115.4734mm。$$

第 6 根~第 9 根钢筋长度不断减少，相邻两根钢筋长度相差 115.4734mm。

第 1 根钢筋长度＝2327＋50×tan 30°×2－2×50＝2285mm

第 2 根长度＝2285＋115.4734＝2400mm

第 3 根长度＝2285＋115.4734×2＝2516mm

第 4 根长度＝2285＋115.4734×3＝2631mm

第 5 根长度＝2285＋115.4734×4＝2747mm

第 6 根与第 5 根钢筋长度相同，长度＝2747mm

第 7 根长度＝2747－115.4734＝2631mm

第 8 根长度＝2747－115.4734×2＝2516mm

第 9 根长度＝2747－115.4734×3＝2401mm

（2）两斜边纵筋长度计算与底边相同

4. 四桩矩形承台 CT4 钢筋计算

CT4 尺寸如图 6-5 所示，编号为 CT4-4FZCT3.5-50-1800，底筋为 25Φ22@110，CT4
配筋构造根据苏 G05-2005 第 12 页编号为"4FZCT3.5-50-180"的承台设置，根据
12G901-3 第 4-2 页中的要求排布 CT4 承台横向和纵向底筋，底筋弯折长度为 10d。

（1）X 方向钢筋

长度＝X 方向长度－2×保护层＋2×弯折

　　＝1375×2－2×50＋10×22×2＝3090mm

根数为 25 根

（2）Y 方向钢筋

长度＝Y 方向长度－2×保护层＋2×弯折

　　＝1375×2－2×50＋10×22×2＝3090mm

根数为 25 根

5. 五桩矩形承台 CT5 钢筋计算

CT5 尺寸如图 6-6 所示，编号为 CT5-5FZCT3.5-50-180a，底筋为 35Φ22@100，计算
方法与 CT4 相同。

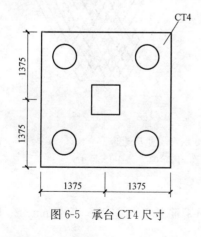

图 6-5　承台 CT4 尺寸

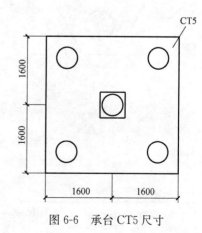

图 6-6　承台 CT5 尺寸

（1）X 方向钢筋

长度＝X 方向长度－2×保护层＋2×弯折

　　＝1600×2－2×50＋10×22×2＝3540mm

根数为 35 根

（2）Y 方向钢筋

长度＝Y 方向长度－2×保护层＋2×弯折

　　　＝1600×2－2×50＋10×22×2＝3540mm

根数为 35 根

6. 六桩矩形承台 CT6 钢筋计算

CT6 尺寸如图 6-7 所示，编号为 CT6-6FZCT3.5-50-180，底筋为 30Φ25@90，45Φ18@100，计算方法与 CT5 相同。

（1）X 方向钢筋

长度＝X 方向长度－2×保护层＋2×弯折

　　　＝2250×2－2×50＋10×25×2＝4900mm

根数为 30 根

（2）Y 方向钢筋

长度＝Y 方向长度－2×保护层＋2×弯折

　　　＝1375×2－2×50＋10×18×2＝3010mm

根数为 45 根

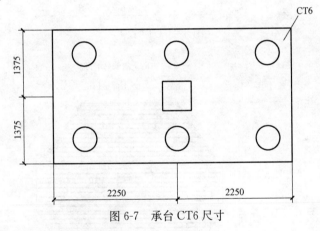

图 6-7　承台 CT6 尺寸

6.2.2　七桩多边形承台 CT7 钢筋计算

CT7 尺寸如图 6-8 所示，编号为 CT7-7FZCT3.5-50-180a，底筋为 37Φ20@110，41Φ20@110，CT7 配筋构造根据苏 G05—2005 第 20 页编号为 "7FZCT3.5-50-180a" 的承台设置，根据 12G901-3 第 4-6 页中的要求排布 CT7 承台横向和纵向底筋，底筋弯折长度为 10d。

（1）X 方向钢筋 37Φ20@110，如图 6-9 所示，上部下部为梯形缩筋，横向中间配筋的长度无变化。

横向钢筋（中间）长度无变化，其长度＝4500－2×50＋10×20×2＝4800mm

根数＝$\dfrac{1000}{110}$＋1＝10.09，取 10 根

上部梯形缩筋：根数＝$\dfrac{1550-50}{110}$＝13.63，取 14 根

第 1 根钢筋长度=2334+50×tan35°×2−50×2=2304mm

相邻两根钢筋长度相差：110×tan35°×2=154.0455mm

第 2 根钢筋长度=2304+154.0455=2458mm

第 3 根钢筋长度=2304+154.0455×2=2612mm

第 4 根钢筋长度=2304+154.0455×3=2766mm

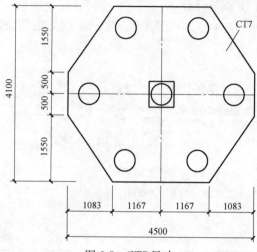

图 6-8 CT7 尺寸

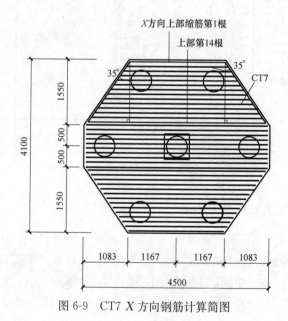

图 6-9 CT7 X 方向钢筋计算简图

第 5 根钢筋长度=2304+154.0455×4=2920mm

第 6 根钢筋长度=2304+154.0455×5=3074mm

第 7 根钢筋长度=2304+154.0455×6=3228mm

第 8 根钢筋长度=2304+154.0455×7=3382mm

第 9 根钢筋长度=2304+154.0455×8=3536mm

第 10 根钢筋长度=2304+154.0455×9=3690mm

第 11 根钢筋长度＝2304＋154.0455×10＝3844mm

第 12 根钢筋长度＝2304＋154.0455×11＝3999mm

第 13 根钢筋长度＝2304＋154.0455×12＝4153mm

第 14 根钢筋长度＝2304＋154.0455×13＝4307mm

下部梯形缩筋长度和根数与上部相同。

（2）Y 方向钢筋 41 Φ 20@110，如图 6-10 所示，左部和右部为梯形缩筋，纵向中间配筋的长度无变化。

纵向钢筋（中间）长度无变化，其长度＝4100－2×50＋10×20×2＝4400mm

根数＝$\frac{2334}{110}$＋1＝22.22，取 23 根

左部梯形缩筋：根数＝$\frac{1083-50}{110}$＝9.39，取 9 根

第 1 根钢筋长度＝1000＋50×tan 55°×2－50×2＝1043mm

相邻两根钢筋长度相差：110×tan 55°×2＝314.1926mm

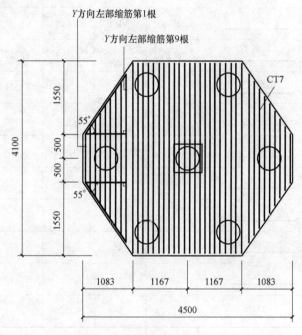

图 6-10 CT7 Y 方向钢筋计算简图

第 2 根钢筋长度＝1043＋314.1296＝1357mm

第 3 根钢筋长度＝1043＋314.1296×2＝1671mm

第 4 根钢筋长度＝1043＋314.1296×3＝1986mm

第 5 根钢筋长度＝1043＋314.1296×4＝2300mm

第 6 根钢筋长度＝1043＋314.1296×5＝2614mm

第 7 根钢筋长度＝1043＋314.1296×6＝2928mm

第 8 根钢筋长度＝1043＋314.1296×7＝3242mm

第 9 根钢筋长度＝1043＋314.1296×5＝3557mm

右部梯形缩筋长度和根数与左部相同。钢筋明细如表 6-1 所示。

钢筋明细表 表 6-1

序号	级别直径	简图	单长(mm)	总根数(根)	总长(m)	总重(kg)	备注
工程名称：承台钢筋计算							
构件信息：0层(基础层)\基础\CT3_E/1							
个数：1,构件单质(kg)：204.795,构件总质(kg)：204.795							
1	Φ22	2286	2286	1	2.286	6.821	顶桩间连筋(横向)
2	Φ22	2401	2401	1	2.401	7.165	顶桩间连筋(横向)
3	Φ22	2517	2517	1	2.517	7.511	顶桩间连筋(横向)
4	Φ22	2633	2633	1	2.633	7.857	顶桩间连筋(横向)
5	Φ22	2748	2748	1	2.748	8.2	顶桩间连筋(横向)
6	Φ22	2748	2748	1	2.748	8.2	顶桩间连筋(横向)
7	Φ22	2633	2633	1	2.633	7.857	顶桩间连筋(横向)
8	Φ22	2517	2517	1	2.517	7.511	顶桩间连筋(横向)
9	Φ22	2401	2401	1	2.401	7.165	顶桩间连筋(横向)
10	Φ22	2285	2285	1	2.285	6.818	右顶桩间连筋(斜向)
11	Φ22	2400	2400	1	2.4	7.162	右顶桩间连筋(斜向)
12	Φ22	2516	2516	1	2.516	7.508	右顶桩间连筋(斜向)
13	Φ22	2631	2631	1	2.631	7.851	右顶桩间连筋(斜向)
14	Φ22	2747	2747	1	2.747	8.197	右顶桩间连筋(斜向)
15	Φ22	2747	2747	1	2.747	8.197	右顶桩间连筋(斜向)
16	Φ22	2631	2631	1	2.631	7.851	右顶桩间连筋(斜向)
17	Φ22	2516	2516	1	2.516	7.508	右顶桩间连筋(斜向)
18	Φ22	2400	2400	1	2.4	7.162	右顶桩间连筋(斜向)
19	Φ22	2285	2285	1	2.285	6.818	左顶桩间连筋(斜向)
20	Φ22	2400	2400	1	2.4	7.162	左顶桩间连筋(斜向)
21	Φ22	2516	2516	1	2.516	7.508	左顶桩间连筋(斜向)

序号	级别直径	简图	单长(mm)	总根数(根)	总长(m)	总重(kg)	备注
		工程名称:承台钢筋计算					
22	Φ22	2631	2631	1	2.631	7.851	左顶桩间连筋(斜向)
23	Φ22	2747	2747	1	2.747	8.197	左顶桩间连筋(斜向)
24	Φ22	2747	2747	1	2.747	8.197	左顶桩间连筋(斜向)
25	Φ22	2631	2631	1	2.631	7.851	左顶桩间连筋(斜向)
26	Φ22	2516	2516	1	2.516	7.508	左顶桩间连筋(斜向)
27	Φ22	2400	2400	1	2.4	7.162	左顶桩间连筋(斜向)
		构件信息:0层(基础层)\基础\CT4_C/1					
		个数:1,构件单质(kg):461.05,构件总质(kg):461.05					
1	Φ22	220⌐2650⌐220	3090	25	77.25	230.525	横向钢筋
2	Φ22	220⌐2650⌐220	3090	25	77.25	230.525	纵向钢筋
		构件信息:0层(基础层)\基础\CT6_B/2					
		个数:1,构件单质(kg):837.03,构件总质(kg):837.03					
1	Φ25	250⌐4400⌐250	4900	30	147	566.4	横向钢筋
2	Φ18	180⌐2650⌐180	3010	45	135.45	270.63	纵向钢筋
		构件信息:0层(基础层)\基础\CT5_B/4					
		个数:1,构件单质(kg):739.41,构件总质(kg):739.41					
1	Φ22	220⌐3100⌐220	3540	35	123.9	369.705	横向钢筋
2	Φ22	220⌐3100⌐220	3540	35	123.9	369.705	纵向钢筋
		构件信息:0层(基础层)\基础\CT7_C/4					
		个数:1,构件单质(kg):736.896,构件总质(kg):736.896					
1	Φ20	150 2304~4254 200⌐200	3679	14	51.506	127.008	上部梯形缩筋(共有14种,每种有1根)
2	Φ20	150 2304~4254 200⌐200	3679	14	51.506	127.008	下部梯形缩筋(共有14种,每种有1根)
3	Φ20	4400 200⌐200	4800	10	48	118.37	横向钢筋(中间)
4	Φ20	295 1043~3699 200⌐200	2771	10	27.71	68.33	左部梯形缩筋(共有10种,每种有1根)

99

序号	级别直径	简图	单长(mm)	总根数(根)	总长(m)	总重(kg)	备注
		工程名称:承台钢筋计算					
5	Φ20	295 1043～3699 200 200	2771	10	27.71	68.33	右部梯形缩筋(共有10种,每种有1根)
6	Φ20	4000 200 200	4400	21	92.4	227.85	纵向钢筋(中间)
构件信息:0层(基础层)\基础\CT2_D/3							
个数:1,构件单质(kg):254.14,构件总质(kg):254.14							
1	Φ22	2650 220 220	3090	10	30.9	92.21	承台上部钢筋
2	Φ22	2650 220 220	3090	10	30.9	92.21	承台下部钢筋
3	Φ10	900 1150	4338	15	65.07	40.155	承台箍筋
4	Φ10	328 1150	3194	15	47.91	29.565	承台箍筋
构件信息:0层(基础层)\基础\CT1_C/2							
个数:1,构件单质(kg):115.884,构件总质(kg):115.884							
1	Φ14	900 1150	4433	9	39.897	48.195	X方向箍筋
2	Φ14	900 1122	4377	9	39.393	47.583	Y方向箍筋
3	Φ12	872 872	3774	6	22.644	20.106	Z方向箍筋

第7章 筏形基础

7.1 概述

7.1.1 定义

当建筑物上部荷载较大而地基承载能力又比较弱时，用简单的独立基础或条形基础已不能适应地基变形的需要，这时常将墙或柱下基础连成一片，使整个建筑物的荷载承受在一块整板上，这种满堂式的板式基础称筏形基础。筏形基础由于其底面积大，故可减小基底压强，同时也可提高地基土的承载力，并能更有效地增强基础的整体性，调整不均匀沉降。

7.1.2 分类

筏形基础分为平板式和梁板式，一般根据地基土质、上部结构体系、柱距、荷载大小及施工条件等确定。

1. 平板式筏形基础

平板式筏形基础的底板是一块厚度相等的钢筋混凝土平板。板厚一般在 $0.5\sim1.5\mathrm{m}$ 之间。平板式基础适用于柱荷载不大、柱距较小且等柱距的情况。底板的厚度可以按升一层加 50mm 初步确定，然后校核板的抗冲切强度。底板厚度不得小于 200mm。通常 5 层以下的民用建筑，板厚不小于 250mm；6 层民用建筑的板厚不小于 300mm。

2. 梁板式筏形基础

当柱网间距大时，一般采用梁板式筏形基础。根据肋梁的设置分为单向肋和双向肋两种形式。单向肋梁板式筏形基础是将两根或两根以上的柱下条形基础中间用底板连接成一个整体，以扩大基础的底面积并加强基础的整体刚度。双向肋梁板式筏形基础是在纵、横两个方向上的柱下都布置肋梁，有时也可在柱网之间再布置次肋梁以减少底的厚度。

3. 选用原则

(1) 在软土地基上，用柱下条形基础或柱下十字交梁条形基础不能满足上部结构对变形的要求和地基承载力的要求时，可采用筏形基础。

(2) 当建筑物的柱距较小而柱的荷载又很大，或柱的荷载相差较大将会产生较大的沉降差需要增加基础的整体刚度以调整不均匀沉降时，可采用筏形基础。

(3) 当建筑物有地下室或大型储液结构（如水池、油库等），结合使用要求，可采用筏形基础。

(4) 风荷载及地震荷载起主要作用的多高层建筑物，要求基础有足够的刚度和稳定性时，可采用筏形基础。

7.2 平板式筏板基础

7.2.1 平板式筏板基础配筋图

图 7-1 所示为平板式筏板基础配筋图。

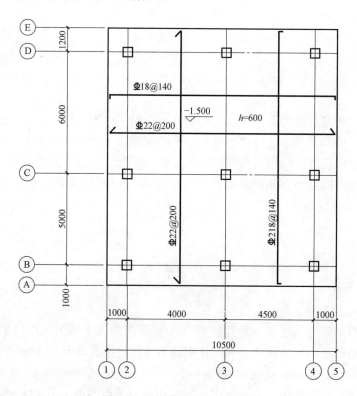

图 7-1 平板式筏板基础配筋图

7.2.2 平板式筏板基础钢筋分析（表 7-1）

平板式筏板基础要计算哪些钢筋 表 7-1

底筋	X 方向	U 形封边情况	长度、根数
		交错封边情况	长度、根数
面筋	Y 方向	U 形封边情况	长度、根数
		交错封边情况	长度、根数
侧面构造筋	X 方向		长度、根数
	Y 方向		长度、根数

7.2.3 平板式筏板基础钢筋计算

平板式筏板基础构造按照 11G101—3 计算，分 U 形封边和交错封边两种。

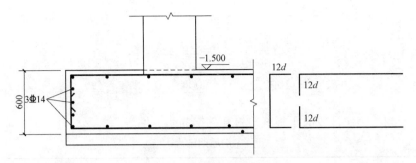

图 7-2　U 形封边构造形式

1. U 形封边情况（图 7-2）

（1）底筋

X 方向：长度＝X 方向外边线长度－底筋保护层×2＋弯折长度×2

$$=1000×2+4500+4000-40×2+12×22×2=10948mm$$

$$根数=\frac{Y 方向外边线长度-起配距离×2}{间距}+1$$

$$=\frac{1200+6000+5000+1000-50×2}{200}+1=66.50，取 67 根$$

Y 方向：长度＝Y 方向外边线长度－底筋保护层×2＋弯折长度×2

$$=1200+1000+6000+5000-40×2+12×22×2=13648mm$$

$$根数=\frac{X 方向外边线长度-起配距离×2}{间距}+1$$

$$=\frac{2000+4500+4000-50×2}{200}+1=53，取 53 根$$

（2）面筋

X 方向：长度＝X 方向外边线长度－底筋保护层×2＋弯折长度×2

$$=1000×2+4500+4000-40×2+12×18×2=10852mm$$

$$根数=\frac{Y 方向外边线长度-起配距离×2}{间距}+1$$

$$=\frac{1200+6000+5000+1000-50×2}{140}+1=94.57，取 95 根$$

Y 方向：长度＝Y 方向外边线长度－底筋保护层×2＋弯折长度×2

$$=1200+6000+5000+1000-40×2+12×18×2=13552mm$$

$$根数=\frac{X 方向外边线长度-起配距离×2}{间距}+1$$

$$=\frac{2000+4500+4000-50×2}{140}+1=75.86，取 76 根$$

（3）U 形封边

长度＝底板厚－上保护层－下保护层＋2×max(15d,200)

$$=800-40×2+2×max(15×14,200)=1140mm$$

$$X 方向根数=\left(\frac{X 方向外边线长度-起配距离×2}{间距}+1\right)$$

103

$$=2\times\left(\frac{1000\times2+4500+4000-50\times2}{140}+1\right)=150.57，取\ 151\ 根$$

$$Y\ 方向根数=\left(\frac{Y\ 方向外边线长度-起配距离\times2}{间距}+1\right)$$

$$=2\times\left(\frac{1200+1000+6000+5000-50\times2}{140}+1\right)=189.14，取\ 190\ 根$$

按 U 形封边情况计算时平板式筏板基础钢筋明细见表 7-2。

钢筋明细表

表 7-2

序号	级别直径	简图	单长(mm)	总根数(根)	总长(m)	总重(kg)	备注
工程名称:平板式筏板基础							
构件信息:0 层(基础层)\筏板筋\C18@140X_1-5/A-E							
个数:1,构件单质(kg):2230.19,构件总质(kg):2230.19							
1	Φ18	216 〔10420〕 216	10852	95	1030.94	2059.79	X 方向面筋
2	Φ14	210 〔520〕 210	940	151	141	170.4	U 形封边
构件信息:0 层(基础层)\筏板筋\C18@140Y_1-5/A-E							
个数:1,构件单质(kg):2272.556,构件总质(kg):2272.556							
1	Φ18	216 〔13120〕 216	13552	76	1029.952	2057.852	Y 方向面筋
2	Φ14	210 〔520〕 210	940	190	177.66	214.704	U 形封边
构件信息:0 层(基础层)\筏板筋\C20@200_1-5/A-E							
个数:1,构件单质(kg):4388.027,构件总质(kg):4388.027							
1	Φ22	264 〔10420〕 264	10948	67	733.516	2188.823	X 方向底筋
2	Φ22	264 〔13120〕 264	13648	53	736.992	2199.204	Y 方向底筋

2. 交错封边长度情况

根据 11G101—3 第 84 页，底筋和面筋弯折长度，应交错封边。

$$=\frac{板厚}{2}-保护层+75=\frac{600}{2}-40+75=335mm$$

（1）底筋

X 方向：长度=X 方向外边线长度-底筋保护层$\times2$+弯折长度$\times2$

$$=1000\times2+4500+4000-40\times2+335\times2=11090mm$$

$$根数=\frac{Y\ 方向外边线长度-起配距离\times2}{间距}+1$$

$$=\frac{1200+6000+5000+1000-50\times2}{200}+1=66.50，取\ 67\ 根$$

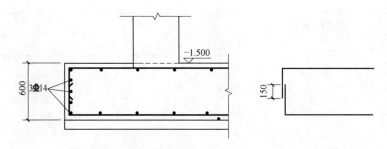

图 7-3 交错封边

Y 方向：长度＝Y 方向外边线长度－底筋保护层×2＋弯折长度×2
$$=1200+1000+6000+5000-40\times2+335\times2=13790\text{mm}$$

$$根数=\frac{X\text{方向外边线长度}-\text{起配距离}\times2}{\text{间距}}+1$$

$$=\frac{2000+4500+4000-50\times2}{200}+1=53，取53根$$

（2）面筋

X 方向：长度＝X 方向外边线长度－底筋保护层×2＋弯折长度×2
$$=1000\times2+4500+4000-40\times2+335\times2=11090\text{mm}$$

$$根数=\frac{Y\text{方向外边线长度}-\text{起配距离}\times2}{\text{间距}}+1$$

$$=\frac{1200+6000+5000+1000-50\times2}{140}+1=94.57，取95根$$

Y 方向：长度＝Y 方向外边线长度－底筋保护层×2＋弯折长度×2
$$=1200+6000+5000+1000-40\times2+335\times2=13790\text{mm}$$

$$根数=\frac{X\text{方向外边线长度}-\text{起配距离}\times2}{\text{间距}}+1$$

$$=\frac{2000+4500+4000-50\times2}{140}+1=75.86，取76根$$

筏板基础按交错封边计算时，钢筋明细见表 7-3。

筏板基础明细表   表 7-3

工程名称：平板式筏板基础							
序号	级别直径	简图	单长(mm)	总根数(根)	总长(m)	总重(kg)	备注
构件信息:0 层(基础层)\筏板筋\C18@140_1-5/A-E							
个数:1,构件单质(kg):4198.962,构件总质(kg):4198.962							
1	Φ18	335 ⌐10420⌐ 335	11090	95	1053.55	2105.01	X 方向面筋
2	Φ18	335 ⌐13120⌐ 335	13790	76	1048.04	2093.952	Y 方向面筋

序号	级别直径	简图	单长(mm)	总根数(根)	总长(m)	总重(kg)	备注
工程名称：平板式筏板基础							
构件信息：0层(基础层)\筏板筋\C22@200_1-5/A-E							
个数：1，构件单质(kg)：4439.277，构件总质(kg)：4439.277							
1	Φ22	335 ⌐10420⌐ 335	11090	67	743.03	2217.231	X方向底筋
2	Φ22	335 ⌐13120⌐ 335	13790	53	744.66	2222.046	Y方向底筋

7.3 梁板式筏板基础（梁外伸）

7.3.1 梁板式筏板基础配筋图（梁外伸）

图 7-4 所示为梁板式筏板基础（梁外伸）的配筋图。

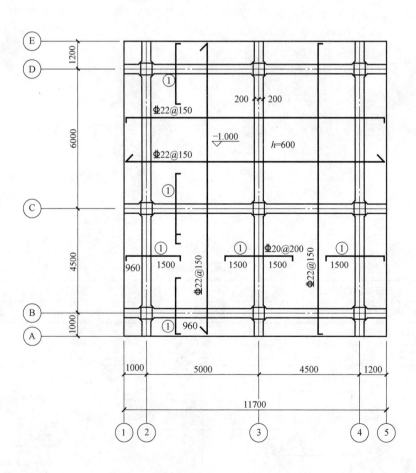

图 7-4 梁板式筏板基础（梁外伸）

7.3.2 梁板式筏板基础（梁外伸）钢筋分析

本节案例中梁板式筏板按照交错封边计算，计算设置如下。

1. 底筋和面筋

受力筋首末根钢筋离支座边距离为 50mm。

端部无外伸时底筋弯折长度为：$\dfrac{筏板厚}{2}-保护层+75=\left(\dfrac{600}{2}-40+75\right)=335$mm。

与基础梁平行叠交区域不布置筏板钢筋。

2. 支座负筋

端支座、端支座负筋遇支座时，单边标注的长度为支座中心线。

梁板式筏板基础（梁外伸）要计算的钢筋如表 7-4 所示。

梁板式筏板基础（梁外伸）要计算的钢筋　　　　表 7-4

底筋	底部通长筋	X 方向	长度、根数
		Y 方向	长度、根数
面筋	顶部通长筋	X 方向	长度、根数
		Y 方向	长度、根数
	顶部非通长筋	边轴线：1、5、A、E	长度、根数
		中间轴线：2、3、4、B、C、D	长度、根数

3. 基础梁

基础梁截面尺寸为 400×800 轴线位于基础梁截面中心线

7.3.3 梁板式筏板基础（梁外伸）钢筋计算

1. 底筋

（1）X 方向：长度＝X 方向外边线长度－2×保护层＋2×弯折

$$=1000+5000+4500+1200-2\times40+2\times\left(\dfrac{600}{2}-40+75\right)=12290\text{mm}$$

Ⓐ—Ⓑ根数：$\dfrac{标注长度-梁宽/2-保护层-起配距离50}{间距}+1=\dfrac{1000-200-40-50}{150}+1=5.73$，

取 6 根

Ⓑ—Ⓒ根数：$\dfrac{标注长度-梁宽/2-梁宽/2-起配距离50\times2}{间距}+1$

$$=\dfrac{4500-200\times2-50\times2}{150}+1=27.67，取 28 根$$

Ⓒ—Ⓓ根数：$\dfrac{标注长度-梁宽/2-梁宽/2-起配距离50\times2}{间距}+1$

$$=\dfrac{6000-200\times2-50\times2}{150}+1=37.60，取 38 根$$

Ⓓ—Ⓔ根数：$\dfrac{标注长度-梁宽/2-保护层-起配距离50}{间距}+1$

$$=\dfrac{1200-200-40-50}{150}+1=7.06，取 8 根$$

共 6＋28＋38＋8＝80 根

（2）Y 方向：长度＝Y 方向外边线长度－2×保护层＋2×弯折

$$=1000+4500+6000+1200-2\times40+2\times\left(\frac{600}{2}-40+75\right)=13290\text{mm}$$

①－②根数：$\dfrac{\text{标注长度}-\text{梁宽}/2-\text{保护层}-\text{起配距离}\ 50}{\text{间距}}+1=\dfrac{1000-200-40-50}{150}+1=5.73$，

取 6 根

②－③根数：$\dfrac{\text{标注长度}-\text{梁宽}/2-\text{梁宽}/2-\text{起配距离}\ 50\times2}{\text{间距}}+1$

$$=\frac{5000-200\times2-50\times2}{150}+1=31，取 31 根$$

③－④根数：$\dfrac{\text{标注长度}-\text{梁宽}/2-\text{梁宽}/2-\text{起配距离}\ 50\times2}{\text{间距}}+1$

$$=\frac{4500-200\times2-50\times2}{150}+1=27.67，取 28 根$$

④－⑤根数：$\dfrac{\text{标注长度}-\text{梁宽}/2-\text{保护层}-\text{起配距离}\ 50}{\text{间距}}+1$

$$=\frac{1200-200-40-50}{150}+1=7.06，取 8 根$$

共 6＋31＋28＋8＝73 根

2. 顶层通长面筋长度及根数的计算方法和底层相同，这里不再赘述

3. 顶层非通长筋

②/Ⓐ－Ⓔ：长度＝960＋1500＝2460mm

Ⓐ－Ⓑ根数＝$\dfrac{1000-200-50-40}{200}+1=4.55$，取 5 根

Ⓑ－Ⓒ根数＝$\dfrac{4500-200\times2-50-50}{200}+1=21$，取 21 根

Ⓒ－Ⓓ根数＝$\dfrac{6000-200\times2-50-50}{200}+1=28.5$，取 29 根

Ⓓ－Ⓔ根数＝$\dfrac{1200-200-50-40}{200}+1=5.55$，取 6 根

共 5＋21＋29＋6＝61 根

③/Ⓐ－Ⓔ：长度＝1500＋1500＝3000mm

根数同②/Ⓐ－Ⓔ，共 61 根

④/Ⓐ－Ⓔ：长度＝1500＋1160＝2660mm

根数同②/Ⓐ－Ⓔ，共 61 根

Ⓑ/①－⑤：长度＝960＋1500＝2460mm

①－②根数＝$\dfrac{1000-200-50-40}{200}+1=4.55$，取 5 根

②－③根数＝$\dfrac{5000-200\times2-50-50}{200}+1=23.5$，取 24 根

③－④根数＝$\dfrac{4500-200\times2-50-50}{200}+1=21$，取 21 根

④—⑤根数$=\dfrac{1200-200-50-40}{200}+1=5.55$，取 6 根

共 $5+24+21+6=56$ 根

ⓒ/①—⑤：长度$=1500+1500=3000$mm

根数同Ⓑ/①—⑤，共 56 根

Ⓓ/①—⑤：长度$=1500+1160=2660$mm

根数同Ⓑ/①—⑤，共 56 根

梁板式筏板基础（梁外伸）钢筋明细如表 7-5 所示。

梁板式筏板基础（梁外伸）钢筋明细表   表 7-5

序号	级别直径	简图	单长(mm)	总根数(根)	总长(m)	总重(kg)	备注
工程名称:梁板式筏板基础(梁外伸)							
构件信息:0 层(基础层)\筏板筋\C20@150_1-5/A-E							
个数:1,构件单质(kg):5828.801,构件总质(kg):5828.801							
1	Φ22	11620 335 ⌐‾‾‾⌐ 335	12290	80	983.2	2933.84	X 方向底筋
2	Φ22	12620 335 ⌐‾‾‾⌐ 335	13290	73	970.17	2894.961	Y 方向底筋
构件信息:0 层(基础层)\筏板筋\C20@200_A-E/2							
个数:1,构件单质(kg):370.026,构件总质(kg):370.026							
1	Φ20	2460	2460	61	150.06	370.026	受力筋@200
构件信息:0 层(基础层)\筏板筋\C20@200_A-E/3							
个数:1,构件单质(kg):451.278,构件总质(kg):451.278							
1	Φ20	3000	3000	61	183	451.278	受力筋@200
构件信息:0 层(基础层)\筏板筋\C20@200_A-E/4							
个数:1,构件单质(kg):400.16,构件总质(kg):400.16							
1	Φ20	2660	2660	61	162.26	400.16	受力筋@200
构件信息:0 层(基础层)\筏板筋\C20@200_1-5/B							
个数:1,构件单质(kg):339.696,构件总质(kg):339.696							
1	Φ20	2460	2460	56	137.76	339.696	受力筋@200
构件信息:0 层(基础层)\筏板筋\C20@200_1-5/C							
个数:1 构件单质(kg):414.288,构件总质(kg):414.288							
1	Φ20	3000	3000	56	168	414.288	受力筋@200
构件信息:0 层(基础层)\筏板筋\C20@200_1-5/D							
个数:1,构件单质(kg):367.36,构件总质(kg):367.36							
1	Φ20	2660	2660	56	148.96	367.36	受力筋@200

序号	级别直径	简图	单长(mm)	总根数(根)	总长(m)	总重(kg)	备注
工程名称:梁板式筏板基础(梁外伸)							
构件信息:0层(基础层)\筏板筋\C22@150_1-5/A-E							
个数:1,构件单质(kg):5828.801,构件总质(kg):5828.801							
1	Φ20	335 ⌐11620⌐ 335	12290	80	983.2	2933.84	X方向面筋
2	Φ22	335 ⌐12620⌐ 335	13290	73	970.17	2894.961	Y方向面筋

7.4 梁板式筏板基础变截面情况

7.4.1 上不平下平情况

1. 配筋图

（1）平面图（图7-5）

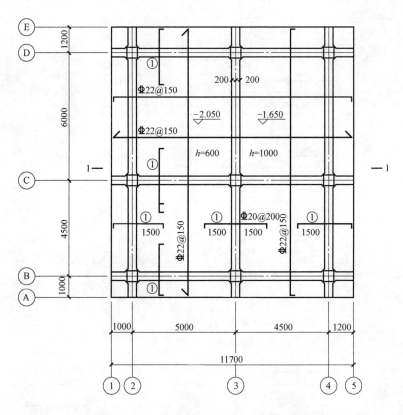

图7-5 梁板式筏板基础（上不平下平）

（2）1—1断面图（图7-6）

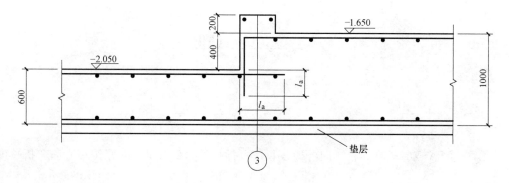

图 7-6 1—1断面图（板顶有高差）

2. 钢筋分析

梁板式筏板基础（上不平下平时）要计算的钢筋如表 7-6 所示。

钢筋分析

表 7-6

底筋	底部通长筋	X 方向		长度、根数
		Y 方向：600mm 厚筏板①—③轴线，1000mm 厚筏板③—⑤轴线		长度、根数
面筋	顶部非通长筋	X 方向：600mm 厚筏板①—③轴线，1000mm 厚筏板③—⑤轴线		长度、根数
	顶部通长筋	Y 方向：600mm 厚筏板①—③轴线，1000mm 厚筏板③—⑤轴线		长度、根数
	顶部非贯通筋	边轴线：1、5、A、E		长度、根数
		中间轴线：2、3、4、B、C、D		长度、根数

3. 钢筋计算

按照交错封边计算，600mm 厚筏板的底筋弯折长度 $= \dfrac{600}{2} - 40 + 75 = 335\text{mm}$，

1000mm 厚筏板的底筋弯折长度 $= \dfrac{1000}{2} - 40 + 75 = 535\text{mm}$。

1）底筋

（1）X 方向：长度＝X 方向外边线长度－保护层×2＋600mm 厚筏板底筋弯折＋1000mm 厚筏板底筋弯折

$$= 1000 + 5000 + 4500 + 1200 - 40 \times 2 + 335 + 535 = 12490\text{mm}$$

根数：

Ⓐ—Ⓑ根数：

$$= \frac{\text{标注长度} - \text{梁宽}/2 - \text{保护层} - \text{起配距离} 50}{\text{间距}} + 1$$

$$= \frac{1000 - 200 - 40 - 50}{150} + 1 = 5.73，取 6 根$$

Ⓑ—Ⓒ根数：$\dfrac{\text{标注长度} - \text{梁宽}/2 - \text{梁宽}/2 - \text{起配距离} 50 \times 2}{\text{间距}} + 1$

$$= \frac{4500 - 200 \times 2 - 50 \times 2}{150} + 1 = 27.67，取 28 根$$

Ⓒ—Ⓓ根数：$\dfrac{\text{标注长度} - \text{梁宽}/2 - \text{梁宽}/2 - \text{起配距离} 50 \times 2}{\text{间距}} + 1$

111

$$=\frac{6000-200\times2-50\times2}{150}+1=37.60,\text{取 38 根}$$

①—⑤根数：$\dfrac{\text{标注长度}-\text{梁宽/2}-\text{保护层}-\text{起配距离}50}{\text{间距}}+1$

$$=\frac{1200-200-40-50}{150}+1=7.06,\text{取 8 根}$$

共 6+28+38+8=80 根

(2) Y 方向：

①—③/④—⑤长度=Y 方向外边线长度—保护层×2+600mm 厚筏板底筋弯折长度
$$=1000+4500+6000+1200-40\times2+335\times2=13290\text{mm}$$

根数：

①—②轴：$=\dfrac{1000-200-40-50}{150}+1=5.73,\text{取 6 根}$

②—③轴：$=\dfrac{5000-200\times2-50\times2}{150}+1=31,\text{取 31 根\quad 共 37 根}$

③—⑤/④—⑤长度=Y 方向外边线长度—保护层×2+1000mm 厚筏板底筋弯折
$$=1000+4500+6000+1200-40\times2+535\times2=13690\text{mm}$$

根数：

③—④轴：$=\dfrac{4500-200\times2-50\times2}{150}+1=27.67,\text{取 28 根}$

④—⑤轴：$=\dfrac{1200-200-50-40}{150}+1=7.07,\text{取 8 根，共 36 根}$

2) 面筋

(1) 600mm 厚筏板

X 方向：①—③轴标注长度—保护层+l_a
$$=1000+5000-40+335+35\times22=7065\text{mm}$$

根数同 X 方向底筋，共 80 根。

Y 方向：长度、根数同 Y 方向底筋。

(2) 1000mm 厚筏板

X 方向：③—⑤轴标注长度—保护层×2+高差 400+l_a
$$=4500+1200-40\times2+535+400+35\times22=7325\text{mm}$$

根数同 X 方向底筋，共 80 根。

Y 方向：长度、根数同 Y 方向底筋。

3) 顶层非通长筋

长度、根数计算方法同第二节，这里不再赘述。

钢筋明细如表 7-7 所示。

7.4.2 上平下不平情况

1. 配筋图

(1) 平面图

梁板式筏板基础（上平下不平）如图 7-7 所示。

112

序号	级别直径	简图	单长(mm)	总根数(根)	总长(m)	总重(kg)	备注
工程名称:梁板式筏板基础(变截面上不平下平)							
构件信息:0层(基础层)\筏板筋\C20@150_1-3/A-E							
个数:1,构件单质(kg):1696.08,构件总质(kg):1696.08							
1	Φ22	335 ⌐6770⌐	7105	80	568.4	1696.08	X方向面筋
构件信息:0层(基础层)\筏板筋\C20@150_3-5/A-E							
个数:1,构件单质(kg):1748.64,构件总质(kg):1748.64							
1	Φ22	535 250 920 5620	7325	80	586	1748.64	X方向面筋
构件信息:0层(基础层)\筏板筋\C20@150_1-3/A-E							
个数:1,构件单质(kg):1467.309,构件总质(kg):1467.309							
1	Φ22	335 ⌐12620⌐ 335	13290	37	491.73	1467.309	Y方向面筋
构件信息:0层(基础层)\筏板筋\C20@150_3-5/A-E							
个数:1,构件单质(kg):1470.636,构件总质(kg):1470.636							
1	Φ22	535 ⌐12620⌐ 535	13690	36	492.84	1470.636	Y方向面筋
构件信息:0层(基础层)\筏板筋\C20@200_A-E/2							
个数:1,构件单质(kg):370.026,构件总质(kg):370.026							
1	Φ22	2460	2460	61	150.06	370.026	受力筋@200
构件信息:0层(基础层)\筏板筋\C20@200_A-E/3							
个数:1,构件单质(kg):249.734,构件总质(kg):249.734							
1	Φ22	1660	1660	61	101.26	249.734	受力筋@200
构件信息:0层(基础层)\筏板筋\C20@200_A-E/4							
个数:1,构件单质(kg):400.16,构件总质(kg):400.16							
1	Φ22	2660	2660	61	162.26	400.16	受力筋@200
构件信息:0层(基础层)\筏板筋\C20@200_1-5/B							
个数:1,构件单质(kg):339.696,构件总质(kg):339.696							
1	Φ22	2460	2460	56	137.76	339.696	受力筋@200
构件信息:0层(基础层)\筏板筋\C20@200_1-5/C							
个数:1,构件单质(kg):414.288,构件总质(kg):414.288							
1	Φ22	3000	3000	56	168	414.288	受力筋@200

序号	级别直径	简图	单长(mm)	总根数(根)	总长(m)	总重(kg)	备注
工程名称:梁板式筏板基础(变截面上不平下平)							
构件信息:0层(基础层)\筏板筋\C20@200_1-5/D							
个数:1,构件单质(kg):367.36,构件总质(kg):367.36							
1	Φ22	2660	2660	56	148.96	367.36	受力筋@200
构件信息:0层(基础层)\筏板筋\C20@150_1-5/A-E							
个数:2 构件单质(kg):5879.888,构件总质(kg):11759.776							
1	Φ22	535 ⌐11620⌐ 335	12490	160	1998.4	5963.2	X方向底筋
2	Φ22	535 ⌐12620⌐ 535	13690	72	985.68	2941.272	Y方向底筋
3	Φ22	335 ⌐12620⌐ 335	13290	72	956.88	2855.304	Y方向底筋

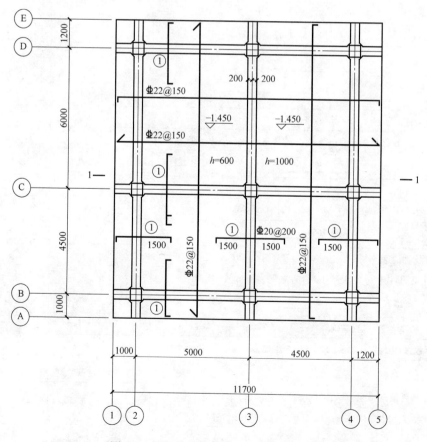

图7-7 梁板式筏板基础（上平下不平）

（2）断面图

梁板式筏板基础 1—1 断面图如图 7-8 所示。

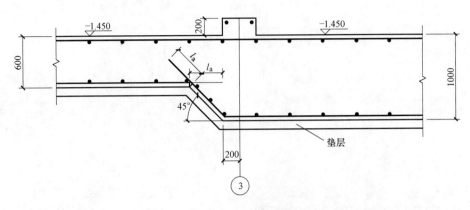

图 7-8 1—1 断面图

2. 钢筋分析

梁板式基础（上平下不平）需要计算的钢筋如表 7-8 所示。

钢筋分析 表 7-8

底筋	底部非通长筋	X 方向：600mm 厚筏板①—③轴线，1000mm 厚筏板③—⑤轴线	长度、根数
	顶部通长筋	Y 方向：600mm 厚筏板①—③轴线，1000mm 厚筏板③—⑤轴线	长度、根数
面筋	顶部通长筋	X 方向：600mm 厚筏板①—③轴线，1000mm 厚筏板③—⑤轴线	长度、根数
		Y 方向：600mm 厚筏板①—③轴线，1000mm 厚筏板③—⑤轴线	长度、根数
	顶部非贯通筋	边轴线：1、5、A、E	长度、根数
		中间轴线：2、3、4、B、C、D	长度、根数

3. 钢筋计算

按照交错封边计算，600mm 厚筏板的底筋弯折长度 $= \dfrac{600}{2} - 40 + 75 = 335\text{mm}$，

1000mm 厚筏板的底筋弯折长度 $= \dfrac{1000}{2} - 40 + 75 = 535\text{mm}$。

1）底筋

（1）600mm 厚筏板（①—③/Ⓐ—Ⓔ）

X 方向：长度 = ①—③轴标注长度 - 保护层 + 600mm 厚筏板底筋弯折 - 高差 - 200 + l_a

$= 1000 + 5000 - 40 + 335 - 400 - 200 + 35 \times 22 = 6465\text{mm}$

根数：

Ⓐ—Ⓑ根数：

$= \dfrac{\text{标注长度} - \text{梁宽}/2 - \text{保护层} - \text{起配距离 } 50}{\text{间距}} + 1$

$= \dfrac{1000 - 200 - 40 - 50}{150} + 1 = 5.73$，取 6 根

Ⓑ—Ⓒ根数：$\dfrac{\text{标注长度} - \text{梁宽}/2 - \text{梁宽}/2 - \text{起配距离 } 50 \times 2}{\text{间距}} + 1$

115

$$=\frac{4500-200\times2-50\times2}{150}+1=27.67, 取28根$$

ⓒ—ⓓ根数：$\frac{标注长度-梁宽/2-梁宽/2-起配距离50\times2}{间距}+1$

$$=\frac{6000-200\times2-50\times2}{150}+1=37.60, 取38根$$

ⓓ—ⓔ根数：$\frac{标注长度-梁宽/2-保护层-起配距离50}{间距}+1$

$$=\frac{1200-200-40-50}{150}+1=7.06, 取8根$$

共 6+28+38+8=80 根

Y 方向：

长度=Y 方向外边线长度-保护层×2+600mm 厚筏板底筋弯折×2

$$=1000+4500+6000+1200-40\times2+335\times2=13290mm$$

根数：

①—②轴：$=\frac{1000-200-40-50}{150}+1=5.73, 取6根$

②—③轴：$=\frac{5000-200\times2-400-50\times2}{150}+1=28.33, 取29根$ 共 35 根

（2）1000mm 厚筏板（③—⑤/Ⓐ—Ⓔ）

X 方向：

长度=③—⑤轴标注长度-保护层×2+200+高差×1.414+l_a+1000mm 厚筏板底筋弯折

$$=4500+1200-40\times2+200+400\times1.414+35\times22+535=7691mm$$

根数同 600mm 厚筏板 X 方向底筋，共 80 根

Y 方向：

长度=Y 向外边线长-保护层×2+1000mm 厚筏板底筋弯折×2

$$=1000+4500+6000+1200-40\times2+535\times2=13690mm$$

根数：

③—④轴=$=\frac{4500-200\times2-50\times2}{150}+1=27.67, 取28根$

④—⑤轴=$=\frac{1200-200-50-40}{150}+1=7.07, 取8根$

共 36 根

变截面处纵筋长度共 3 道，相邻两道长度相差 $\frac{150}{1.414}=106mm$

第一道=$1000+4500+6000+1200-40\times2+(1600/2-40+75)\times2=12620+835\times2$
$$=14290mm$$

第二道=$12620+(835-106)\times2=14078mm$

第三道=$12620+(835-106-106)\times2=13866mm$

2）顶部通长筋

116

X 方向：

长度＝X 方向外边线长－保护层×2＋600mm 厚筏板面筋弯折＋1000mm 厚筏板面筋弯折

　　　＝1000＋5000＋4500＋1200－40×2＋335＋535＝12490mm

根数同 X 方向底筋，共 80 根

Y 方向：

600mm 厚筏板面筋

长度＝Y 方向外边线长－保护层×2＋600mm 厚筏板面筋弯折×2

　　　＝1000＋4500＋6000＋1200－40×2＋335×2＝13290mm

根数：

①－②轴：$=\dfrac{1000-200-40-50}{150}+1=5.73$，取 6 根

②－③轴：$=\dfrac{5000-200\times2-50\times2}{150}+1=31$，取 31 根　共 37 根

1000mm 厚筏板面筋

长度＝Y 方向外边线长－保护层×2＋1000mm 厚筏板面筋弯折×2

　　　＝1000＋4500＋6000＋1200－40×2＋535×2＝13690mm

根数：

③－④轴$=\dfrac{4500-200\times2-50\times2}{150}+1=27.67$，取 28 根

④－⑤轴$=\dfrac{1200-200-50-40}{150}+1=7.07$，取 8 根

共 36 根

3）顶层非贯通钢筋

长度、根数计算方法同第二节，这里不再赘述。

钢筋明细如表 7-9 所示。

钢筋明细表　　　　　　　　　　　表 7-9

序号	级别直径	简图	单长(mm)	总根数(根)	总长(m)	总重(kg)	备注
工程名称:梁板式筏板基础(变截面上平下不平)							
构件信息:0 层(基础层)\筏板筋\C20@150_1-5/A-E							
个数:1,构件单质(kg):5879.888,构件总质(kg):5879.888							
1	Φ22	335 ⌐ 11620 ⌐ 535	12490	80	999.2	2981.6	X 方向面筋
2	Φ22	535 ⌐ 12620 ⌐ 535	13690	36	492.84	1470.636	Y 方向面筋
3	Φ22	335 ⌐ 12620 ⌐ 335	13290	36	478.44	1427.652	Y 方向面筋

续表

工程名称:梁板式筏板基础(变截面上平下不平)							
序号	级别直径	简图	单长(mm)	总根数(根)	总长(m)	总重(kg)	备注
构件信息:0层(基础层)\筏板筋\C20@200_A-E/2							
个数:1,构件单质(kg):370.026,构件总质(kg):370.026							
1	Φ22	2460	2460	61	150.06	370.026	受力筋@200
构件信息:0层(基础层)\筏板筋\C20@200_A-E/3							
个数:1,构件单质(kg):451.278,构件总质(kg):451.278							
1	Φ22	3000	3000	61	183	451.278	受力筋@200
构件信息:0层(基础层)\筏板筋\C20@200_A-E/4							
个数:1,构件单质(kg):400.16,构件总质(kg):400.16							
1	Φ22	2660	2660	61	162.26	400.16	受力筋@200
构件信息:0层(基础层)\筏板筋\C20@200_1-5/B							
个数:1,构件单质(kg):339.696,构件总质(kg):339.696							
1	Φ22	2460	2460	56	137.76	339.696	受力筋@200
构件信息:0层(基础层)\筏板筋\C20@200_1-5/C							
个数:1,构件单质(kg):414.288,构件总质(kg):414.288							
1	Φ22	3000	3000	56	168	414.288	受力筋@200
构件信息:0层(基础层)\筏板筋\C20@200_1-5/D							
个数:1,构件单质(kg):367.36,构件总质(kg):367.36							
1	Φ22	2660	2660	56	148.96	367.36	受力筋@200
构件信息:0层(基础层)\筏板筋\C20@150_1-3/A-E							
个数:1,构件单质(kg):1543.6,构件总质(kg):1543.6							
1	Φ22	335 6131	6466	80	517.28	1543.6	X方向底筋
构件信息:0层(基础层)\筏板筋\C20@150_3-5/A-E							
个数:1,构件单质(kg):1841.28,构件总质(kg):1841.28							
1	Φ22	535 5843 1302 33 45	7713	80	617.04	1841.28	X方向底筋
构件信息:0层(基础层)\筏板筋\C20@150_1-3/A-E							
个数:1,构件单质(kg):1348.338,构件总质(kg):1348.338							
1	Φ22	335 12620 335	13290	34	451.86	1348.338	Y方向底筋

118

序号	级别直径	简图	单长(mm)	总根数(根)	总长(m)	总重(kg)	备注
工程名称:梁板式筏板基础(变截面上平下不平)							
构件信息:0 层(基础层)\筏板筋\C20@150_3-5/A-E							
个数:1,构件单质(kg):1596.555,构件总质(kg):1596.555							
1	Φ22	12620 535 ⌐¬ 535	13690	36	492.84	1470.636	Y 方向底筋
2	Φ22	12620 829 ⌐¬ 829	14278	1	14.278	42.606	Y 方向底筋
3	Φ22	12620 723 ⌐¬ 723	14066	1	14.066	41.973	Y 方向底筋
4	Φ22	12620 617 ⌐¬ 617	13854	1	13.854	41.34	Y 方向底筋

7.4.3　上下均不平

1. 配筋图

（1）平面图

梁板式筏板基础（上下均不平）如图 7-9 所示。

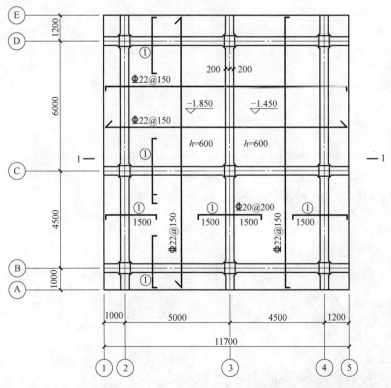

图 7-9　梁板式筏板基础（上下均不平）

（2）断面图

梁板式筏板基础（上下均不平）1－1 断面图如图 7-10 所示。

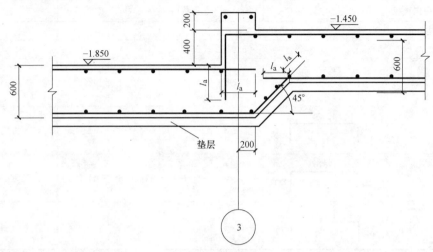

图 7-10　1－1 断面图

2. 钢筋分析

梁板式筏板基础（上下均不平）需要计算的钢筋如表 7-10 所示。

钢筋分析　　　　　　　　　　　　　　　　　　　　　　　　　　　　表 7-10

底筋	底部非通长筋	X 方向：左侧 600mm 厚筏板①－③轴线，右侧 600mm 厚筏板③－⑤轴线	长度、根数
	底部通长筋	Y 方向：600mm 厚筏板①－③轴线，1000mm 厚筏板③－⑤轴线	长度、根数
面筋	顶部非通长筋	X 方向：左侧 600mm 厚筏板①－③轴线，右侧 600mm 厚筏板③－⑤轴线	长度、根数
	顶部通长筋	Y 方向：左侧 600mm 厚筏板①－③轴线，右侧 600mm 厚筏板③－⑤轴线	长度、根数
	顶部非贯通筋	边轴线：1、5、A、E	长度、根数
		中间轴线：2、3、4、B、C、D	长度、根数

3. 钢筋计算

按照交错封边计算，600mm 厚筏板的底筋弯折长度 $= \dfrac{600}{2} - 40 + 75 = 335\text{mm}$，

1000mm 厚筏板的底筋弯折长度 $= \dfrac{1000}{2} - 40 + 75 = 535\text{mm}$。

1）底筋

（1）600mm 厚筏板（①－③/Ⓐ－Ⓔ）

X 方向：长度 = ①－③轴标注长度 － 保护层×2 + 600mm 厚筏板底筋弯折 + 200 + 高差

$\qquad\qquad ×1.414 + l_a$

$\qquad\quad = 1000 + 5000 - 40×2 + 335 + 200 + 400×1.414 + 35×22 = 7791\text{mm}$

根数：

Ⓐ－Ⓑ根数：

$$= \frac{\text{标注长度} - \text{梁宽}/2 - \text{保护层} - \text{起配距离}\,50}{\text{间距}} + 1$$

120

$$=\frac{1000-200-40-50}{150}+1=5.73，取 6 根$$

Ⓑ－Ⓒ根数：$\dfrac{标注长度-梁宽/2-梁宽/2-起配距离 50×2}{间距}+1$

$$=\frac{4500-200×2-50×2}{150}+1=27.67，取 28 根$$

Ⓒ－Ⓓ根数：$\dfrac{标注长度-梁宽/2-梁宽/2-起配距离 50×2}{间距}+1$

$$=\frac{6000-200×2-50×2}{150}+1=37.6，取 38 根$$

Ⓓ－Ⓔ根数：$\dfrac{标注长度-梁宽/2-保护层-起配距离 50}{间距}+1$

$$=\frac{1200-200-40-50}{150}+1=7.06，取 8 根$$

共 6＋28＋38＋8＝80 根

Y 方向：

长度＝Y 方向外边线长度－保护层×2＋600mm 厚筏板底筋弯折×2

$\qquad$＝1000＋4500＋6000＋1200－40×2＋335×2＝13290mm

根数：

①－②轴：$=\dfrac{1000-200-40-50}{150}+1=5.73，取 6 根$

②－③轴：$\dfrac{5000-200×2-50×2}{150}+1=31，取 31 根\quad 共 37 根$

变截面处纵筋长度共 3 道，相邻两道长度相差 $\dfrac{150}{1.414}=106$mm

第一道

＝1000＋4500＋6000＋1200－40×2＋（1000/2－40＋75）×2＝12620＋535×2＝13690mm

第二道＝12620＋（835－106）×2＝14078mm

第三道＝12620＋（835－106－106）×2＝13866mm

（2）600mm 厚筏板（③－⑤/Ⓐ－Ⓔ）

X 方向：长度＝③－⑤轴标注长度－保护层－200－高差＋1000mm 厚筏板底筋弯折＋200＋l_a

$\qquad$＝1200＋4500－40－200－400＋335＋35×22＝6165mm

根数：

Ⓐ－Ⓑ根数：

$\dfrac{标注长度-梁宽/2-保护层-起配距离 50}{间距}+1$

$$=\frac{1000-200-40-50}{150}+1=5.73，取 6 根$$

Ⓑ－Ⓒ根数：$\dfrac{标注长度-梁宽/2-梁宽/2-起配距离 50×2}{间距}+1$

$$=\frac{4500-200×2-50×2}{150}+1=27.67，取 28 根$$

ⓒ－Ⓓ根数：$\dfrac{\text{标注长度}-\text{梁宽}/2-\text{梁宽}/2-\text{起配距离}\ 50\times2}{\text{间距}}+1$

$=\dfrac{6000-200\times2-50\times2}{150}+1=37.60$，取 38 根

Ⓓ－Ⓔ根数：$\dfrac{\text{标注长度}-\text{梁宽}/2-\text{保护层}-\text{起配距离}\ 50}{\text{间距}}+1$

$=\dfrac{1200-200-40-50}{150}+1=7.06$，取 8 根

共 6＋28＋38＋8＝80 根

Y 方向：

长度＝Y 方向外边线长度－保护层×2＋600mm 厚筏板底筋弯折×2
　　　＝1000＋4500＋6000＋1200－40×2＋335×2＝13290mm

根数：

③－④轴：$=\dfrac{4500-200-400-200-50\times2}{150}+1=25$，取 25 根

②－③轴：$=\dfrac{1200-40-200-50}{150}+1=7.06$，取 8 根　共 33 根

2）面筋

（1）600mm 厚筏板（①－③/Ⓐ－Ⓔ）

X 方向：

长度：①－③轴线标注长度－保护层＋l_a＋600mm 厚筏板面筋弯折
＝1000＋5000－40＋35×22＋335＝7065mm

根数同底筋，共 80 根

Y 方向：

长度＝Y 方向外边线长度－保护层×2＋600mm 厚筏板面筋弯折×2
　　　＝1000＋4500＋6000＋1200－40×2＋335×2＝13290mm

根数：

①－②轴：$\dfrac{1000-40-200-50}{150}+1=5.73$，取 6 根

②－③轴：$\dfrac{5000-200\times2-50\times2}{150}+1=31$，取 31 根

（2）600mm 厚筏板（③－⑤/Ⓐ－Ⓔ）

X 方向：

长度：③－⑤轴线标注长度－保护层×2＋1000mm 厚筏板面筋弯折＋400＋l_a
＝4500＋1200－40×2＋335＋400＋35×22＝7125mm

根数同底筋，共 80 根

Y 方向：

长度＝Y 方向外边线长度－保护层×2＋600mm 厚筏板面筋弯折×2
　　　＝1000＋4500＋6000＋1200－40×2＋335×2＝13290mm

根数：

①－②轴：$\dfrac{1000-40-200-50}{150}+1=5.73$，取 6 根

②—③轴：$\dfrac{5000-200\times2-50\times2}{150}+1=31$，取 31 根　共 37 根

钢筋明细如表 7-11 所示。

钢筋明细表　　　　　　　　　　　　　　　　　　　　表 7-11

序号	级别直径	简图	单长(mm)	总根数(根)	总长(m)	总重(kg)	备注
构件信息:0 层(基础层)\筏板筋\C20@150_1-3/A-E							
个数:1,构件单质(kg):1696.08,构件总质(kg):1696.08							
1	Φ22	335　6770	7105	80	568.4	1696.08	X 方向面筋
构件信息:0 层(基础层)\筏板筋\C20@150_3-5/A-E							
个数:1,构件单质(kg):1700.88,构件总质(kg):1700.88							
1	Φ22	335　250　920　5620	7125	80	570	1700.88	X 方向面筋
构件信息:0 层(基础层)\筏板筋\C20@150_1-3/A-E							
个数:1,构件单质(kg):1467.309,构件总质(kg):1467.309							
1	Φ22	12620　335　335	13290	37	491.73	1467.309	Y 方向面筋
构件信息:0 层(基础层)\筏板筋\C20@150_3-5/A-E							
个数:1,构件单质(kg):1427.652,构件总质(kg):1427.652							
1	Φ22	12620　335　335	13290	36	478.44	1427.652	Y 方向面筋
构件信息:0 层(基础层)\筏板筋\C20@200_A-E/2							
个数:1,构件单质(kg):370.026,构件总质(kg):370.026							
1	Φ22	2460	2460	61	150.06	370.026	受力筋@200
构件信息:0 层(基础层)\筏板筋\C20@200_A-E/3							
个数:1,构件单质(kg):451.278,构件总质(kg):451.278							
1	Φ22	3000	3000	61	183	451.278	受力筋@200
构件信息:0 层(基础层)\筏板筋\C20@200_A-E/4							
个数:1,构件单质(kg):400.16,构件总质(kg):400.16							
1	Φ22	2660	2660	61	162.26	400.16	受力筋@200

序号	级别直径	简图	单长(mm)	总根数(根)	总长(m)	总重(kg)	备注
工程名称:梁板式筏板基础(上下均不平)							
构件信息:0层(基础层)\筏板筋\C20@200_1-5/B							
个数:1,构件单质(kg):339.696,构件总质(kg):339.696							
1	Φ22	2460	2460	56	137.76	339.696	受力筋@200
构件信息:0层(基础层)\筏板筋\C20@200_1-5/C							
个数:1,构件单质(kg):414.288,构件总质(kg):414.288							
1	Φ22	3000	3000	56	168	414.288	受力筋@200
构件信息:0层(基础层)\筏板筋\C20@200_1-5/D							
个数:1,构件单质(kg):367.36,构件总质(kg):367.36							
1	Φ22	2660	2660	56	148.96	367.36	受力筋@200
构件信息:0层(基础层)\筏板筋\C20@150_1-3/A-E							
个数:1,构件单质(kg):1865.12,构件总质(kg):1865.12							
1	Φ22	335 6143 1302 33 45	7813	80	625.04	1865.12	X方向底筋
构件信息:0层(基础层)\筏板筋\C20@150_3-5/A-E							
个数:1,构件单质(kg):1471.92,构件总质(kg):1471.92							
1	Φ22	335 5831	6166	80	493.28	1471.92	X方向底筋
构件信息:0层(基础层)\筏板筋\C20@150_1-3/A-E							
个数:1,构件单质(kg):1589.647,构件总质(kg):1589.647							
1	Φ22	12620 335 335	13290	37	491.73	1467.309	Y方向底筋
2	Φ22	12620 629 629	13878	1	13.878	41.412	Y方向底筋
3	Φ22	12620 523 523	13666	1	13.666	40.779	Y方向底筋
4	Φ22	12620 417 417	13454	1	13.454	40.147	Y方向底筋
构件信息:0层(基础层)\筏板筋\C20@150_3-5/A-E							
个数:1,构件单质(kg):1308.681,构件总质(kg):1308.681							
1	Φ22	12620 335 335	13290	33	438.57	1308.681	Y方向底筋

第8章 其他构件

8.1 概述

其他构件主要包括后浇带、柱墩、集水坑、柱帽等。

8.1.1 后浇带

1. 定义

根据国家标准《混凝土结构工程施工规范》第 2.0.10 条后浇带的定义是：为适应环境温度变化、混凝土收缩、结构不均匀沉降等因素影响，在梁、板（包括基础底板）、墙等结构中预留的具有一定宽度且经过一定时间后再浇筑的混凝土带。

2. 作用

1）解决沉降差

高层建筑和裙房的结构及基础设计成整体，但在施工时用后浇带把两部分暂时断开，待主体结构施工完毕，已完成大部分沉降量（50％以上）以后再浇灌连接部分的混凝土，将高低层连成整体。设计时基础应考虑两个阶段不同的受力状态，分别进行荷载校核。连成整体后的计算应当考虑后期沉降差引起的附加内力。这种做法要求地基土较好，房屋的沉降能在施工期间内基本完成。同时还可以采取以下调整措施：

调压力差。主楼荷载大，采用整体基础降低土压力，减少附加压力；低层部分采用较浅的十字交义梁基础，增加土压力，使高低层沉降接近。

调时间差。先施工主楼，待其基本建成，沉降基本稳定，再施工裙房，使后期沉降基本相近。

调标高差。经沉降计算，把主楼标高定得稍高，裙房标高定得稍低，预留两者沉降差，使最后两者实际标高相一致。

2）减小温度收缩

新浇混凝土在硬结过程中会收缩，已建成的结构受热要膨胀，受冷则收缩。混凝土硬结收缩的大部分将在施工后的头 1～2 个月完成，而温度变化对结构的作用则是经常的。当其变形受到约束时，在结构内部就产生温度应力，严重时就会在构件中出现裂缝。在施工中设后浇带，是在过长的建筑物中，每隔 30～40m 设宽度为 700～1000mm 的缝，缝内钢筋采用搭接或直通加弯做法。留出后浇带后，施工过程中混凝土可以自由收缩，从而大大减少了收缩应力。混凝土的抗拉强度可以大部分用来抵抗温度应力，提高结构抵抗温度变化的能力。后浇带保留时间一般不少于一个月，在此期间，收缩变形可完成 30％～40％。后浇带的浇筑时间宜选择气温较低（但应为正温度）时，后浇带混凝土采用比设计强度等级提高一级的微膨胀混凝土浇灌密实并加强养护，防止新老混凝土之间出现裂缝，造成薄弱部位。

3. 分类

（1）为解决高层建筑主楼与裙房的沉降差而设置的后浇施工带称为沉降后浇带。

（2）为防止混凝土因温度变化拉裂而设置的后浇施工带称为温度后浇带。

（3）为防止因建筑面积过大，结构因温度变化，混凝土收缩开裂而设置的后浇施工缝为伸缩后浇带。

4. 设计要求

现设计院设计的后浇带施工图不尽相同，现行规范《高层建筑混凝土结构技术规程》JGJ 3—2010、《地下工程防水技术规范》GB 50108—2001 及不同版本的建筑结构构造图集中，对后浇带的构造要求都有详细的规定。由于这些规范、标准是由不同的专家组编写，其内容和要求有所不同，各有偏重，不可避免地存在一些差异。

（1）后浇带的留置宽度一般为 700～1000mm，现常见的有 800、1000、1200mm 三种。

（2）后浇带的接缝形式有平头缝、阶梯缝、槽口缝和 X 形缝四种形式。

（3）后浇带内的钢筋，有全断开再搭接，有不断开另设附加筋的规定。

（4）后浇带混凝土的补浇时间，有的规定不少于 14d，有的规定不少于 42d，有的规定不少于 60d，有的规定封顶后 28d。《高层建筑混凝土结构技术规程》JGJ 3—2010 规定是 14d、60d。《混凝土结构构造手册》（第三版，中国建筑工业出版社）规定是 28d。

（5）后浇带的混凝土配制及强度，有的要求原混凝土提高一级强度等级，也有的要求用同等级或提高一级的无收缩混凝土浇筑。

（6）养护时间规定不一致，有 7、14 或 28d 等几种时间要求，一般小工程常用的是用 14d 左右，赶工或工程要求才 7d，大工程自建民房常用 28d 或者一个月左右。

上述差异的存在给施工带来诸多不便，有很大的可伸缩性，所以只有认真理解各专业的规范的不同和根据本工程的特点、性质，灵活可靠地应用规范规定，才能有效地保证工程质量。

5. 接缝处理

（1）应根据墙板厚度的实际情况决定，一般厚度小于 300mm 的墙板，可做成直缝；对厚度大于 300mm 的墙板可做成阶梯缝或上下对称坡口形；对厚度大于 600mm 的墙板可做成凹形或多边凹形的断面。

（2）钢筋是保持原状还是断开，这要由后浇带的类型来决定。沉降后浇带的钢筋应贯通，伸缩后浇带钢筋应断开，梁板结构的板筋应断开，但梁筋贯通，若钢筋不断开，钢筋附近的混凝土收缩将受到较大制约，产生拉应力开裂，从而降低了结构抵抗温度应力的能力。不同断面上的后浇带应曲折连通。

（3）后浇带混凝土浇筑，一般应使用无收缩混凝土浇筑，可以采用膨胀水泥，也可以采用掺合膨胀剂与普通水泥拌制。混凝土的强度至少同原浇筑混凝土相同或提高一个级别。

（4）施工质量控制，后浇带的连接形式必须按照施工图设计进行，支模必须用堵头板或钢筋网，槽口缝接口形式是在模板上装凸条。浇筑混凝土前对缝内要认真清理、剔凿、冲刷，移位的钢筋要复位，混凝土一定要振捣密实，尤其是地下室底板更应认真处理，保证混凝土自身防水能力。

(5) 后浇带处第一次浇筑留设后，应采取保护性措施，顶部覆盖，围栏保护，防止缝内进入垃圾、钢筋污染、踩踏变形，给清理带来困难。

(6) 后浇带两侧的梁板在未补浇混凝土前长期处于悬臂状态，所以在未补浇混凝土前两侧模板支撑不能拆除，在后浇带浇筑后混凝土强度达85%以上一同拆除，混凝土浇筑后注意保护，观察记录，及时养护。

6. 设置

1)《高层建筑混凝土结构技术规程》中对后浇带设置的规定

《高层建筑混凝土结构技术规程》JGJ3—2002 12.1.10条规定，当采用刚性防水方案时，同一建筑的基础应避免设置变形缝。可沿基础长度每隔30~40m留一道贯通顶板、底板及墙板的施工后浇缝，缝宽不宜小于800mm，且宜设置在柱距三等分的中间范围内。后浇缝处底板及外墙宜采用附加防水层；后浇缝混凝土宜在其两侧混凝土浇灌完毕2个月后再进行浇灌，其强度等级应提高一级，且宜采用早强、补偿收缩的混凝土。

《高层建筑混凝土结构技术规程》JGJ 3—2010 12.2.3条作了一些修改："高层建筑地下室不宜设置变形缝。当地下室长度超过伸缩缝最大间距时，可考虑利用混凝土后期强度，降低水泥用量；也可每隔30~40m设置贯通顶板、底板及墙板的施工后浇带。后浇带可设置在柱距三等分的中间范围内以及剪力墙附近，其方向宜与梁正交，沿竖向应在结构同跨内；底板及外墙的后浇带宜增设附加防水层；后浇带封闭时间宜45d以上，其混凝土强度等级宜提高一级，并宜采用无收缩混凝土，低温入模。"

对比，可发现其要求不同，但主要精神类似。

2)《高层建筑箱形与筏形基础技术规范》中对后浇带设置的规定

《高层建筑箱形与筏形基础技术规范》JGJ 6—1999 6.6.2条规定，基础长度超过40m时，宜设置施工缝，缝宽不宜小于80cm。在施工缝处，钢筋必须贯通。6.6.3条规定，当主楼与裙房采用整体基础，且主楼基础与裙房基础之间采用后浇带时，后浇带的处理方法应与施工缝相同。

3)《混凝土结构设计规范》中对后浇带设置的规定

《混凝土结构设计规范》GB 50010—2010 8.1.3条规定，如有充分依据和可靠措施，本规范表中的伸缩缝最大间距可适当增大，混凝土浇筑采用后浇带分段施工。

4)《建筑地基基础设计规范》对后浇带设置的规定

《建筑地基基础设计规范》GB 50007—2011 8.4.20条规定，对高层建筑筏形基础与裙房基础之间的构造应符合下列要求：当高层建筑与相连的裙房之间不设置沉降缝时，宜在裙房一侧设置后浇带，当沉降实测值和计算确定的后期沉降差满足设计要求后，方可进行后浇带混凝土浇筑。当高层建筑基础面积地基满足地基承载力和变形要求时，后浇带宜设在与高层建筑相邻裙房的第一跨内。当需要满足高层建筑地基承载力、降低高层建筑沉降量、减小高层建筑与裙房间的沉降差而增大高层建筑基础面积时，后浇带可设在距主楼边柱的第二跨内，此时应满足以下三个条件：

(1) 地基土质较均匀；

(2) 裙房结构刚度较好且基础以上的地下室和裙房结构层数不小于两层；

(3) 后浇带一侧与主楼连接的裙房基础底板厚度与高层建筑基础底板厚度相同。

5)《地下工程防水技术规范》中对后浇带设置的规定

《地下工程防水技术规范》GB 50108—2012 5.2.1 条规定，后浇带应设在受力和变形较小的部位，间距宜为 30～60m，宽度宜为 700～1000mm。5.2.2 条规定，后浇带可做成平直缝，结构主筋不宜在缝中断开，如必须断开，则主筋搭接长度应大于 45 倍主筋直径，并应按设计要求加设附加钢筋。5.2.4 条对后浇带的施工规定如下：后浇带应在其两侧混凝土龄期达到 42d 后再施工，但高层建筑的后浇带应在结构顶板浇筑混凝土 14d 后进行；后浇带混凝土的养护时间不得少于 28d。

综上所述：

（1）后浇带的设置应遵循"抗放兼备，以放为主"的设计原则。因为普通混凝土存在开裂问题，设置后浇缝的目的就是将大部分的约束应力释放，然后用膨胀混凝土填缝以抗衡残余应力。

（2）结构设计中由于考虑沉降原因而设计的后浇带，在施工中应严格按设计图纸留设；由于施工原因而需要设置后浇带时，应视工程具体情况而定，留设的位置应经设计单位认可。

（3）后浇带的间距应合理，矩形构筑物后浇带间距一般可设为 30～40m，后浇带的宽度应考虑便于施工操作，并按结构构造要求而定，一般宽度以 700～1000mm 为宜。

（4）后浇带处的梁板受力钢筋必须断开。筏板基础底板及基础底板梁受力钢筋必须贯通。受力主筋宜采用焊接连接。

（5）后浇带在未浇筑混凝土前不能将部分模板、支柱拆除，否则会导致梁板形成悬臂造成变形；施工后浇带的位置宜选在结构受力较小的部位，一般在梁、板的反弯点附近，此位置弯矩不大，剪力也不大；也可选在梁、板的中部，该位置虽弯矩大，但剪力很小。

（6）后浇带的断面形式应考虑浇筑混凝土后连接牢固，一般应避免留直缝。对于板，可留斜缝；对于梁及基础，可留企口缝，可根据结构断面情况确定。

（7）混凝土浇筑和振捣过程中，应特别注意分层浇筑厚度和振捣器距钢丝网模板的距离。为防止混凝土振捣中水泥浆流失严重，应限制振捣器与模板的距离，为保证混凝土密实，垂直施工缝处应采用钢钎捣实。

（8）浇筑结构混凝土后垂直施工缝的处理：对采用钢丝网模板的垂直施工缝，当混凝土达到初凝时，用压力水冲洗，清除浮浆、碎片并使冲洗部位露出骨料，同时将钢丝网片冲洗干净。混凝土终凝后将钢丝网拆除，立即用高压水再次冲洗施工缝表面；在后浇带混凝土浇筑前应清理表面。

（9）后浇带混凝土浇筑：不同类型后浇带混凝土的浇筑时间不同；伸缩后浇带视先浇部分混凝土的收缩完成情况而定，一般为施工后 60d；沉降后浇带宜在建筑物基本完成沉降后进行。在一些工程中，设计单位对后浇带的保留时间有特殊要求，应按设计要求浇筑后浇带混凝土；后浇带混凝土必须采用无收缩混凝土，可采用膨胀水泥配制，也可采用添加具有膨胀作用的外加剂和普通水泥配制，混凝土的强度应提高一个等级，其配合比通过试验确定。

（10）板支撑：对地下室较厚底板、大梁等属大体积混凝土的后浇带，两侧必须设置专用模板和支撑以防止混凝土漏浆而使后浇带断不开，对地下室有防水抗渗要求的还应留设止水带或做企口模板，以防后浇带处渗水。后浇带保留的支撑，应保留至后浇带混凝土浇筑且强度达到设计要求后，方可逐层拆除。

8.1.2 柱墩

1. 定义

柱墩又称墩基，一般位于筏基上部，柱根部。埋深大于 3m、直径不小于 800mm、且埋深与墩身直径的比小于 6 或埋深与扩底直径的比小于 4 的独立刚性基础，可按墩基进行设计。墩身有效长度不宜超过 5m。

2. 适用范围

多用于多层建筑，由于基底面积按天然地基的设计方法进行计算，免去了单墩载荷试验。因此，在工期紧张的条件下较受欢迎。

施工应采用挖（钻）孔桩的方式，扩壁或不扩壁成孔。考虑到埋深过大时，如采用墩基方法设计则不符合实际，因此规定了长径比界限及有效长度不超过 5m 的限制，以区别于人工挖孔桩。当超过限制时，应按挖孔桩设计和检验。单从承载力方面分析，采用墩基的设计方法偏于安全。

3. 构造应符合下列规定

（1）墩身混凝土强度等级不宜低于 C20。

（2）墩身采用构造配筋时，纵向钢筋不小于 8Φ12mm，且配筋率不小于 0.15%，纵筋长度不小于三分之一墩高，箍筋 Φ8@250mm。

（3）对于一柱一墩的墩基，柱与墩的连接以及墩帽（或称承台）的构造，应视设计等级、荷载大小、连系梁布置情况等综合确定，可设置承台或将墩与柱直接连接。当墩与柱直接连接时，柱边至墩周边之间最小间距应满足国家标准《建筑地基基础设计规范》GB 50007—2012 表 8.2.5-2 杯壁厚度的要求，并进行局部承压验算。当柱与墩的连接不能满足固接要求时，则应在两个方向设置连系梁，连系梁的截面和配筋应由计算确定。

墙下墩基多用于多层砖混结构建筑物，设计不考虑水平力，墙下基础梁与墩顶的连接只需考虑构造要求，采取插筋连接即可。可设置与墩顶截面一致的墩帽，墩帽底可与基础梁底标高一致，并与基础梁一次浇筑。在墩顶设置墩帽可保证墩与基础梁的整体连接，其钢筋构造可参照框架顶层的梁柱连接，并应满足钢筋锚固长度的要求。

（4）墩基成孔宜采用人工挖孔、机械钻孔的方法施工。墩底扩底直径不宜大于墩身直径的 2.5 倍。

（5）相邻墩墩底标高一致时，墩位按上部结构要求及施工条件布置，墩中心距可不受限制。持力层起伏很大时，应综合考虑相邻墩墩底高差与墩中心距之间的关系，进行持力层稳定性验算，不满足时可调整墩距或墩底标高。

（6）墩底进入持力层的深度不宜小于 300mm。当持力层为中风化、微风化、未风化岩石时，在保证墩基稳定性的条件下，墩底可直接置于岩石面上，岩石面不平整时，应整平或凿成台阶状。

8.1.3 集水坑

1. 定义

建筑工程在基坑开挖时，如果地下水位比较高，且基底标高在地下水位之下时需要设置排水方式。集水坑就是比较简便的一种方式，适用于基底埋深小于 5m 时。

2. 原理

集水坑排水法，又称明排水法，是在基坑开挖过程中，在坑底设置集水坑，并沿坑底周围或中央开挖排水沟，使水流入集水坑，然后用排污泵（潜污泵）抽走。抽出的水应引致远离基坑的地方，以免倒流回基坑内。期期施工时，应在基坑周围或地面水的上游，开挖截水沟或修筑土堤，以防地面水流入基坑内。该方法宜用于粗粒土层，也用于渗水量小的黏土层。

3. 设置条件

设置集水坑的条件是：当有排水需要且排水设施低于室外排水管网时，比如在地下室或地下车库，需要通过设置一定容积的集水坑来暂时汇集需要排出的污废水或杂用水，当积累到一定水位时，（自动或手动）启动设在坑内的排水泵，将水提升到室外排水管网的高度，再通过室外管网排出。

8.1.4 柱帽

1. 定义

柱帽也称柱托板，在板柱—剪力墙结构采用无梁板构造时，可根据承载力和变形要求采用无柱帽板或有柱帽（柱托）板形式。当楼面荷载较大时，为提高板的承载能力、刚度和抗冲切能力，在柱顶设置的用来增加柱对板支托面积的结构。

2. 分类

11G101—1 第 105 页给出了四种类型的柱帽，即单倾角 ZMa 柱帽、托板 ZMb 柱帽、变倾角 ZMc 柱帽、倾角连托板柱帽 ZMab，如图 8-1 所示。

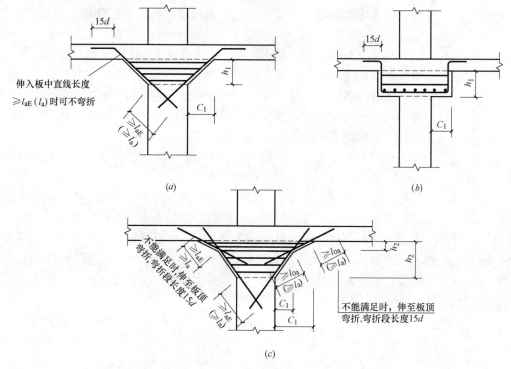

图 8-1 四种柱帽（一）

(*a*) 单倾角 ZMa 柱帽；(*b*) 托板 ZMb 柱帽；(*c*) 变倾角 ZMc 柱帽

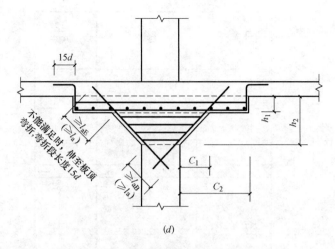

图 8-1　四种柱帽（二）

(d) 倾角连托板柱帽 ZMab

8.2　后浇带

8.2.1　筏板基础后浇带钢筋计算

图 8-2 所示为某筏板基础后浇带平面图及断面图，基础底板后浇带都有附加防水层，或抗水压垫层或超前止水构造层，见 11G101—3 第 93～94 页。

筏板基础及后浇带环境如下：混凝土强度等级为 C30，后浇带加强筋为 Φ 16@200，起布距离为 100mm，分布钢筋为 16 Φ 12@200，钢筋定尺长度为 9m，钢筋接头采用绑扎连接，搭接长度为 $1.4l_a$。抗震等级为非抗震，锚固长度为 $35d$，保护层厚度为 40mm。

1. 板底加强筋计算

$$长度 = 400 + \frac{600}{2} - 25 + \frac{400}{\sin 45°} + 35 \times 16 + 250 + 300 = 2351mm$$

$$根数 = \frac{后浇带长度 - 起布距离 \times 2}{间距} + 1$$

$$= \frac{1000 + 4500 + 4000 + 1000 - 100 \times 2}{200} + 1 = 52.5，取 53 根，共 106 根$$

2. 分布钢筋计算

长度 = 后浇带长度 - 2 × 保护层厚度

= 1000 + 4500 + 4000 + 1000 - 40 × 2 = 10420mm，由于钢筋定尺长度为 9m，需要两根钢筋绑扎连接而成，搭接长度为 $1.4l_a = 1.4 \times 35 \times 12 = 588mm$，总长度为 10420 + 588 = 11008mm。

根数为 16 根

筏板基础后浇带钢筋明细表如表 8-1 所示。

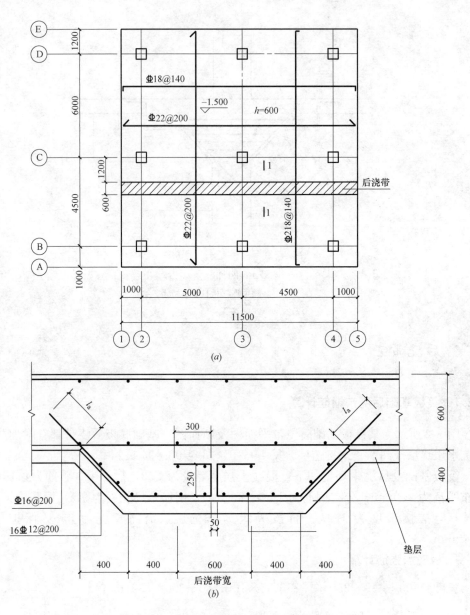

图 8-2 筏板基础后浇带平面图及断面图

(a) 筏板基础平面图；(b) 后浇带 1—1 断面图

筏板基础后浇带钢筋明细表

表 8-1

工程名称:平板式筏板基础后浇带钢筋计算							
序号	级别直径	简图	单长(mm)	总根数(根)	总长(m)	总重(kg)	备注
1	Φ16	300　1126 250 675　45	2351	106	249.206	393.26	板内底部 加强筋1
2	Φ12	10420	11008	16	176.128	156.4	板底分布筋

8.3 柱墩

11G101—3 第 96 页给出了基础平板下柱墩 XZD 构造，分为倒棱台形和倒棱柱形两种情况。

8.3.1 柱墩为倒棱台形

倒棱台形柱墩环境如下：混凝土强度等级为 C30，坡底横向钢筋、纵向钢筋均为 $\Phi 20$ @150，坡面横向、纵向钢筋为 $\Phi 16$@200，定尺长度为 9m。抗震等级为非抗震，锚固长度为 $35d$，保护层厚度为 40mm，如图 8-3 所示。

1. X 向底筋

计算钢筋时应考虑集水坑坡度和混凝土保护层厚度对钢筋长度的影响。钢筋上下排的差值忽略不计。

1）长度

＝X 向坡底直段长度＋坡面斜长×2＋锚固长度×2

其中

直段长度＝2000−40×tan22.5°×2＝1966.86mm

坡面斜长＝400/sin45°＝565.6mm

锚固长度＝$35d$＝35×20＝700mm

总长＝1966.86＋565.6×2＋700×2＝4498mm

2）根数

$$=\frac{Y \text{向长度}-2×\text{保护层}}{\text{间距}}+1=\frac{2000-2×40}{150}+1=13.8，\text{取} 14 \text{根}$$

2. X 向坡上钢筋计算

$$\text{根数}=\frac{400-40-200×\sin45°}{200×\sin45°}+1=2.55，\text{取} 2 \text{根}$$

长度计算

第 1 根长度

平直段长度＝1966.86＋2×200×sin45°＝2249.66mm

斜段长度＝(400−200×sin45°)/sin45°＝365.66mm

锚固长度＝$35d$＝35×16＝560mm

总长度＝2249.66＋365.66×2＋560×2＝4101mm

图 8-3 基础平板下柱墩 XZD（柱墩为倒棱台形）（一）

(a) 1-1 断面图

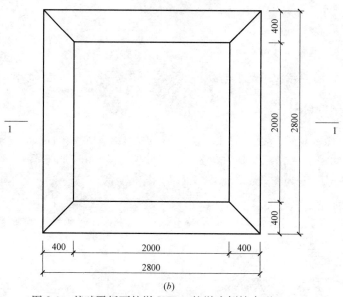

(b)

图 8-3　基础平板下柱墩 XZD（柱墩为倒棱台形）（二）

(b) 平面图

第 2 根长度

$$平直段长度=1966.86+2(2×200×\sin45°)=2532.46mm$$

$$斜段长度=(400-200×\sin45°×2)/\sin45°=165.73mm$$

$$锚固长度=35d=35×16=560mm$$

$$总长度=2532.46+165.73×2+560×2=3984mm$$

柱墩钢筋明细表如表 8-2 所示。

柱墩钢筋明细表　　　　　表 8-2

序号	级别直径	简图	单长(mm)	总根数	总长(m)	总重(kg)	备注
1	Φ20	45 1265 1265 45 1966	4496	15	67.44	166.305	X 向底筋
2	Φ20	45 1265 1265 45 1966	4496	15	67.44	166.305	Y 向底筋
3	Φ16	45 925 925 45 2249	4099	2	8.198	12.936	X 向坡上底筋
4	Φ16	45 725 725 45 2532	3982	2	7.964	12.568	X 向坡上底筋
5	Φ16	45 925 925 45 2249	4099	2	8.198	12.936	Y 向坡上钢筋
6	Φ16	45 725 725 45 2532	3982	2	7.964	12.568	Y 向坡上钢筋

8.4　集水坑

8.4.1　集水井

集水井环境如下：混凝土强度等级为 C30，坡底横向钢筋、纵向钢筋均为 Φ22@150，

134

坡面横向、纵向钢筋为 $\Phi 16@150$，集水井侧壁钢筋为 $\Phi 16@200$，集水井底横向、纵向钢筋为 $\Phi 22@150$，定尺长度为 9m。抗震等级为非抗震，锚固长度为 $35d$，保护层厚度为 40mm。结构施工图如图 8-4 所示。

1. X 向坡底钢筋计算

计算钢筋时应考虑集水坑坡度和混凝土保护层厚度对钢筋长度的影响。钢筋上下排的差值忽略不计（图 8-5）。

$$总长度＝平直段长度＋（斜段长度＋弯折）×2$$

（1）X 向坡底钢筋平直段长度＝集水坑底边长度－2×斜角差值

$$斜角差值＝保护层厚度×\tan22.5°＝40×\tan22.5°＝16.569mm$$

$$平直段长度＝1700－40×\tan22.5°×2＝1666.863mm$$

（2）斜段长度＝集水坑斜长－斜角差值

$$斜段长度＝(700＋600－40×2)/\sin45°＝1725.08mm$$

（3）弯折＝$20d$＝$20×22$＝440mm

X 向钢筋总长度

$$＝1700－40×\tan22.5°×2＋[(700＋600－40×2)/\sin45°＋20×22]×2$$

$$＝1666.863＋(1725.08＋440)×2＝5997mm$$

$$根数＝\frac{X向长度－保护层×2}{X向间距}＋1＝\frac{1800－40×2}{150}＋1＝12.46，取 13 根$$

2. X 向坡上钢筋计算

$$根数＝\frac{700－40－150×\sin45°}{150×\sin45°}＋1＝6.22，取 6 根$$

X 向坡上钢筋长度计算示意图如图 8-6 所示。

第 1 根

平直段缩尺寸为 $2×150×\sin45°＝212.10mm$

斜向缩尺寸为 $150×\sin45°＝106.05mm$

平直段长度＝$1700－40×\tan22.5°×2＋212.1＝1878.963mm$

斜段长度＝$(700－106.05)/\sin45°＋35×16＝1399.85mm$

总长度＝$1878.963＋1399.85×2＝4679mm$

第 2 根

平直段长度＝$1878.963＋212.1＝2091.063mm$

斜段长度＝$(700－2×106.05)/\sin45°＋35×16＝1249.891mm$

总长度＝$2091.063＋1249.891×2＝4591mm$

第 3 根

平直段长度＝$2091.063＋212.1＝2303.163mm$

斜段长度＝$(700－3×106.05)/\sin45°＋35×16＝1099.936mm$

总长度＝$2303.163＋2×1099.936＝4503mm$

第 4 根

平直段长度＝$2303.163＋212.1＝2515.263mm$

斜段长度＝$(700－4×212.1)/\sin45°＋35×16＝948.981mm$

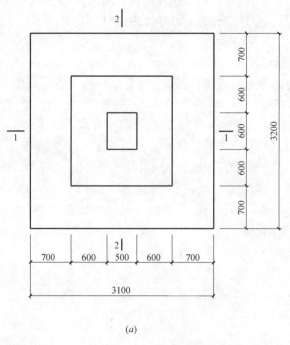

(a)

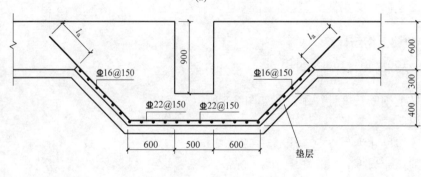

(b)

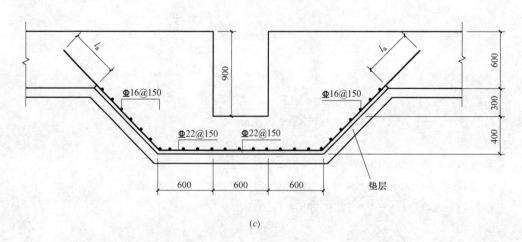

(c)

图 8-4　集水坑结构施工图

(a) 集水坑平面图；(b) 1-1 断面图；(c) 2-2 断面图

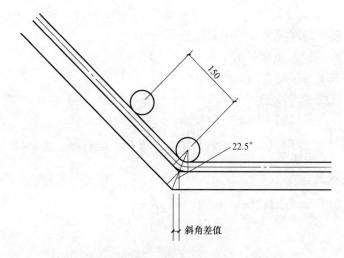

图 8-5 集水坑斜角差值计算示意图

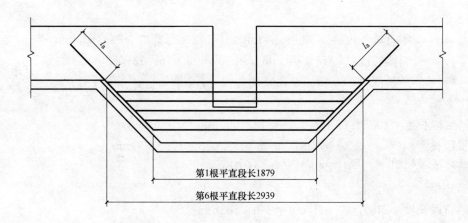

图 8-6 X 向坡上钢筋长度计算示意图

总长度＝2515.263＋2×949.981＝4415mm

第 5 根

平直段长度＝2515.263＋212.1＝2727.363mm

斜段长度＝(700−5×212.1)/sin45°＋35×16＝800.027mm

总长度＝2727.363＋2×800.027＝4327mm

第 6 根

平直段长度＝2727.363＋212.1＝2939.463mm

斜段长度＝(700−6×212.1)/sin45°＋35×16＝650.072mm

总长度＝2939.463＋2×650.072＝4240mm

3. Y 向坡底钢筋计算

总长度＝平直段长度＋(斜段长度＋弯折)×2

(1) Y 向坡底钢筋平直段长度＝集水坑底边长度−2×斜角差值

斜角差值＝保护层厚度×tan22.5°＝40×tan22.5°＝16.569mm

137

$$平直段长度＝1800－40×\tan22.5°×2＝1766.863mm$$

（2）斜段长度＝集水坑斜长－斜角差值

$$斜段长度＝(700＋600－40×2)/\sin45°＝1725.08mm$$

（3）弯折＝20d＝20×22＝440mm

$$
\begin{aligned}
Y 向钢筋总长度＝&1800－40×\tan22.5°×2＋[(700＋600－40×2)/\sin45°＋20×22]×2\\
＝&1766.863＋(1725.08＋440)×2＝6097mm
\end{aligned}
$$

$$根数＝\frac{X 向长度－保护层×2}{X 向间距}＋1＝\frac{1700－40×2}{150}＋1＝11.8，取12根$$

4. Y 向坡上钢筋计算

$$根数＝\frac{700－40－150×\sin45°}{150×\sin45°}－1＝5.22，取6根$$

长度

$$平直段缩尺寸为2×150×\sin45°＝212.10mm$$

$$斜向缩尺寸为150×\sin45°＝106.05mm$$

第1根

$$平直段长度＝1800－40×\tan22.5°×2＋212.1＝1978.963mm$$

$$斜段长度＝(700－106.05)/\sin45°＋35×16＝1399.85mm$$

$$总长度＝1978.963＋1399.85×2＝4779mm$$

第2根

平直段长度＝1978.963＋212.1＝2191.063mm

斜段长度＝(700－2×106.05)/\sin45°＋35×16＝1249.891mm

总长度＝2191.063＋1249.891×2＝4691mm

第3根

平直段长度＝2191.063＋212.1＝2403.163mm

斜段长度＝(700－3×106.05)/\sin45°＋35×16＝1099.936mm

总长度＝2403.163＋2×1099.936＝4603mm

第4根

平直段长度＝2403.163＋212.1＝2615.263mm

斜段长度＝(700－4×106.05)/\sin45°＋35×16＝948.981mm

总长度＝2615.263＋2×949.981－4515mm

第5根

平直段长度＝2615.263＋212.1＝2827.363mm

斜段长度＝(700－5×106.05)/\sin45°＋35×16＝800.027mm

总长度＝2827.363＋2×800.027＝4427mm

第6根

平直段长度＝2827.363＋212.1＝3039.463mm

斜段长度＝(700－6×106.05)/\sin45°＋35×16＝650.072mm

总长度＝3039.463＋2×650.072＝4340mm

集水井钢筋明细表如表8-3所示。

序号	级别直径	简 图	单长(mm)	总根数	总长(m)	总重(kg)	备 注
1	Φ22	440⌐1725⌐1725⌐440 / 1666 (根)	5996	13	77.558	231.433	X 向底筋
2	Φ16	45⌐1399⌐1399⌐45 / 1878	4676	2	9.352	14.758	X 向坡上底筋
3	Φ16	45⌐1249⌐1249⌐45 / 2091	4589	2	9.178	14.482	X 向坡上底筋
4	Φ16	45⌐1099⌐1099⌐45 / 2303	4501	2	9.002	14.206	X 向坡上底筋
5	Φ16	45⌐949⌐949⌐45 / 2515	4413	2	8.826	13.928	X 向坡上底筋
6	Φ16	45⌐799⌐799⌐45 / 2727	4325	2	8.65	13.65	X 向坡上底筋
7	Φ16	45⌐649⌐649⌐45 / 2939	4237	2	8.474	13.372	X 向坡上底筋
8	Φ22	440⌐440 / 1725⌐1725 / 1766	6097	13	79.261	236.515	Y 向底筋
9	Φ16	45⌐1399⌐1399⌐45 / 1978	4776	2	9.552	15.074	Y 向坡上钢筋
10	Φ16	45⌐1249⌐1249⌐45 / 2191	4689	2	9.378	14.798	Y 向坡上钢筋
11	Φ16	45⌐1099⌐1099⌐45 / 2403	4601	2	9.202	14.52	Y 向坡上钢筋
12	Φ16	45⌐949⌐949⌐45 / 2615	4513	2	9.026	14.244	Y 向坡上钢筋
13	Φ16	45⌐799⌐799⌐45 / 2827	4425	2	8.85	13.966	Y 向坡上钢筋
14	Φ16	45⌐649⌐649⌐45 / 3039	4337	2	8.674	13.688	Y 向坡上钢筋
15	Φ22	2120	2120	6	12.72	37.956	井底 X 方向钢筋
16	Φ22	2220	2220	5	11.1	33.12	井底 Y 方向钢筋
17	Φ16	1800	1800	10	18	28.4	井侧水平筋
18	Φ16	1700	1700	10	17	26.83	井侧水平筋

8.5　柱帽

8.5.1　单倾角柱帽

　　柱帽环境如下：混凝土强度等级为 C30，斜角筋和斜中筋均为 4Φ12，斜角筋和斜中

139

筋保护层厚度为 20mm。箍筋为 $\Phi 8@100$，抗震等级为二级抗震。图 8-7 所示为单倾角柱帽平面图及断面图。

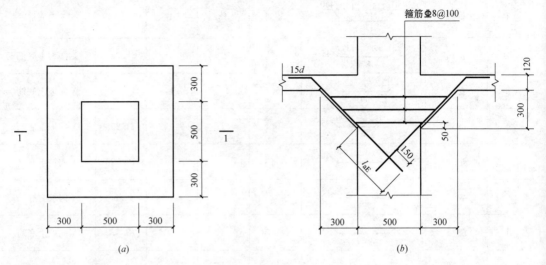

图 8-7 单倾角柱帽

（a）平面图；（b）1-1 断面图

1. 斜中筋长度计算

（1）弯折 $=15d=15\times12=180$mm

（2）斜长 = 板中斜长 + 柱帽中斜长 + 锚固长度

$\qquad$ = （板厚 $-$ 2 $\times$ 保护层厚度）/sin45° + 柱帽高度/sin45° + l_{ab}（41d）

$\qquad$ = （120 $-$ 20 $\times$ 2）/sin45° + 300/sin45° + 41 $\times$ 12 = 1029.32mm

（3）总长度 = 弯折 + 斜长 = 180 + 1029.32 = 1209mm

2. 斜角筋长度计算

图 8-8 所示为斜角筋和斜中筋排布示意图，从图 8-8 中可知，斜角筋、斜中筋为等间距排布并交于一点，两根斜角筋的夹角为 53°。

$$斜角筋长度 = 弯折 + 斜长 = 180 + \frac{1029.32}{\cos 26.5°} = 1330\text{mm}$$

3. 箍筋长度计算

柱帽中水平箍筋由下开始第 1 根起配距离为 50mm，考虑保护层厚度对箍筋长度的影响。

$$箍筋根数 = \frac{300-50}{100} + 1 = 3.5 \text{ 根，取 3 根}$$

第 1 道

$$箍筋宽度 = 500 + 50 \times 2 - 2 \times \frac{20}{\sin 45°} = 543\text{mm}$$

总长度 = （543 + 543）$\times$ 2 + 1.9 $\times$ 8 $\times$ 2 + max（10 $\times$ 8.75）$\times$ 2 = 2362mm

第 2 道

箍筋宽度 = 543 + 200 = 743mm

总长度 = （743 + 743）$\times$ 2 + 1.9 $\times$ 8 $\times$ 2 + max（10 $\times$ 8.75）$\times$ 2 = 3162mm

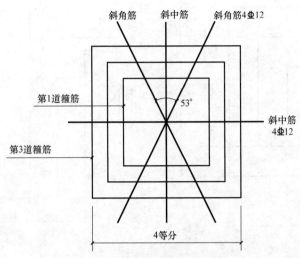

斜角筋　斜中筋　斜角筋4⏀12

第1道箍筋　53°

第3道箍筋　斜中筋 4⏀12

4等分

图 8-8　斜角筋及斜中筋排布示意图

第 3 道

箍筋宽度＝543＋200×2＝943mm

总长度＝(943＋943)×2＋1.9×8×2＋max(10×8.75)×2＝3962mm

单倾角柱帽钢筋明细表如表 8-4 所示。

单倾角柱帽钢筋明细表　　　　　　　　　　　　　　表 8-4

序号	级别直径	简　图	单长(mm)	总根数(根)	总长(m)	总重(kg)	备　注
1	⏀12	$\frac{180}{\qquad}$ 53° 115°	1330	4	5.32	4.724	斜角筋
2	⏀12	$\frac{180}{\qquad}$ 53° 1029	1209	4	4.836	4.296	斜中筋
3	⏀8	543 ／ 543	2362	1	2.362	0.933	箍筋
4	⏀8	743 ／ 743	3162	1	3.162	1.249	箍筋
5	⏀8	943 ／ 943	3962	1	3.962	1.565	箍筋

8.5.2　倾角联托板柱帽 Zmab

图 8-9 所示为倾角联托板柱帽结构图，柱帽环境和单倾角柱帽相同。

1. 斜中筋

长度

$$柱帽高度/\sin\alpha + 2 \times l_{aE}$$

(1) 斜长＝400/sin53.13°＋(300＋120－20－20)/sin53.13°＋41×12

　　　＝1467mm

(2) 弯折＝15d＝15×12＝180mm

　　　　　总长度＝斜长＋弯折＝180＋1467＝1647mm

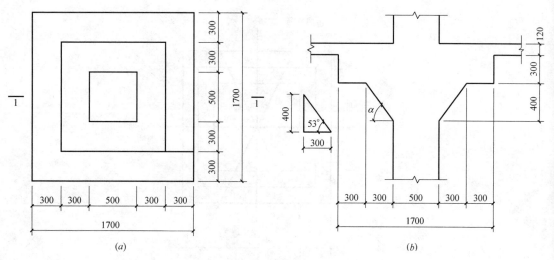

图 8-9　倾角联托板柱帽 ZMab 示意图

（a）平面图；（b）1-1 断面图

2. 斜角筋长度

（1）斜长＝1467/cos26.5°＝1639mm

（2）弯折＝0

$$总长度＝斜长＋弯折＝1658mm$$

3. 托板 X 向分布筋

（1）根数 $＝\dfrac{1700-20\times2}{100}+1＝17.6$，取 18 根

（2）长度＝1700－2×20＋（300＋120－40＋15×10）×2＝2720mm

4. 托板 Y 向分布筋

（1）根数 $＝\dfrac{1700-20\times2}{100}+1＝17.6$，取 18 根

（2）长度＝1700－2×20＋（300＋120－40＋15×10）×2＝2720mm

5. 柱帽高度范围内箍筋

柱帽中水平箍筋由下开始第 1 根起配距离为 50mm，考虑保护层厚度对箍筋长度的影响（图 8-10）。

（1）箍筋根数 $＝\dfrac{400-50}{100}+1＝4.5$ 根，取 4 根

（2）长度计算过程如下：

第 1 道箍筋：

宽度 $＝500+2\times\dfrac{50}{\tan\alpha}-2\times20/\sin\alpha$，其中 $\tan\alpha=\dfrac{4}{3}$，$\sin\alpha=\dfrac{4}{5}$

$$＝500+2\times\dfrac{50}{\frac{4}{3}}-2\times20/0.8＝525mm$$

$$总长度＝(525+525)\times2+2\times1.9\times8+2\times\max(10\times8.75)＝2290mm$$

第 2 道箍筋：

142

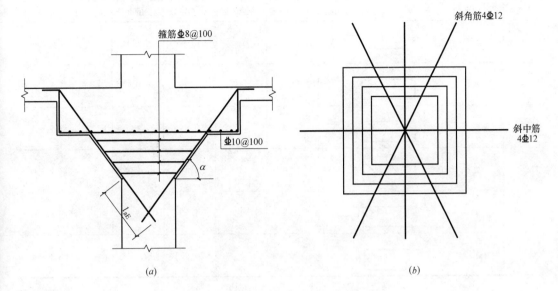

图 8-10　倾角联托板柱帽 Zmab 配筋示意图

(a) 1-1 断面图；(b) 角筋、中筋及箍筋水平投影

$$宽度 = 525 + 2 \times \left(2 \times \frac{50}{4/3}\right) = 675mm$$

$$总长度 = (675 + 675) \times 2 + 2 \times 1.9 \times 8 + 2 \times \max(10 \times 8.75) = 2890mm$$

第 3 道箍筋：

$$宽度 = 525 + 4 \times \left(2 \times \frac{50}{4/3}\right) = 825mm$$

$$总长度 = (825 + 825) \times 2 + 2 \times 1.9 \times 8 + 2 \times \max(10 \times 8.75) = 3490mm$$

第 4 道箍筋：

$$宽度 = 525 + 6 \times \left(2 \times \frac{50}{4/3}\right) = 975mm$$

$$总长度 = (975 + 975) \times 2 + 2 \times 1.9 \times 8 + 2 \times \max(10 \times 8.75) = 4090mm$$

6. 托板中箍筋

(1) 根数 $= \dfrac{300-50}{100} + 1 = 3.5$，取 3 根

(2) 长度 $= (1700 - 2 \times 20) \times 2 + 2 \times 1.9 \times 8 + 2 \times \max(10 \times 8.75) = 6830mm$

倾角联托板柱帽钢筋明细表如表 8-5 所示。

倾角联托板柱帽钢筋明细表　　　　　　　　　　　　　　　　表 8-5

序号	级别直径	简　图	单长(mm)	总根数(根)	总长(m)	总重(kg)	备　注
1	Φ 12	1567	1567	4	6.268	5.564	斜角筋
2	Φ 12	180 127° 1467	1647	4	6.588	5.852	斜中筋
3	Φ 10	150 380 150 380 1660	2720	18	48.96	30.204	托板 X 分布筋

143

序号	级别直径	简 图	单长(mm)	总根数(根)	总长(m)	总重(kg)	备 注
4	Φ10	150 150 380 380 1660	2720	18	48.96	30.204	托板Y分布筋
5	Φ8	525 525	2290	1	2.29	0.905	箍筋1
6	Φ8	675 675	2890	1	2.89	1.142	箍筋1
7	Φ8	825 825	3490	1	3.49	1.379	箍筋1
8	Φ8	975 975	4090	1	4.09	1.616	箍筋1
9	Φ10	1660 1660	6878	3	20.634	12.732	箍筋2

8.5.3 变倾角联托板柱帽 ZMc

见图 8-11 和图 8-12。

1. 斜中筋 1

斜长

$=$ 柱帽高度 $1/\sin a + l_{aE} + ($ 柱帽高度 $2+$ 板厚 $-$ 保护层 $\times 2)/\sin\alpha$

$=500/\sin 59.04° + (300+120-20-20)/\sin 59.04° + 41\times 12$

$=1518$ mm

2. 斜角筋 1 长度

斜长 $=1518/\cos 26.5° =1696$ mm

3. 斜中筋 2

（1）斜长

$=$ 板中斜长 $+($ 柱帽高度 $2)/\sin b + l_{aE}$

$=(120-20)/\sin 45° + 300/\sin 45° + 41\times 12$

$=1057$ mm

（2）弯折

$=15d=15\times 12=180$ mm

总长 $=1057+180=1237$ mm

4. 斜角筋 2 长度

（1）斜长 $=1057/\cos 26.5° =1181$ mm

（2）弯折

$=15d=15\times 12=180$ mm

总长 $=1181+180=1331$ mm

5. 箍筋 1 长度及根数计算

箍筋 1 斜向间距为 100mm，垂直间距为 $100\times\sin 59.04°=85.75$ mm，水平缩尺长度

为 $100\times\cos59.04°=51.44$mm，水平第 1 道箍筋起配距离为 50m，并考虑保护层厚度对长度的影响。

（1）根数

$$\frac{500-50}{85.75}+1=6.25，取 6 根$$

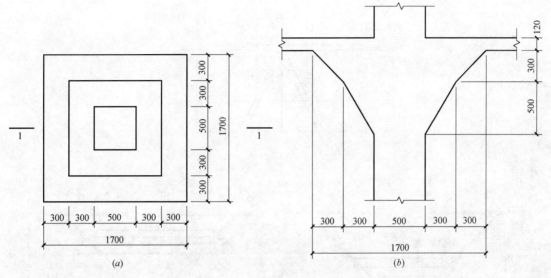

图 8-11　变倾角柱帽 ZMc 示意图

（a）平面图；（b）1-1 断面图

（2）长度

第 1 道箍筋

宽度 $=500-2\times20/\sin59.04°+2\times50/\tan59.04°=513$mm

总长度 $=(513+513)\times2+2\times1.9\times8+2\times\max(10\times8.75)=2242$mm

第 2 道箍筋

宽度 $=513.35+2\times51.44=616$mm

总长度 $=(616+616)\times2+2\times1.9\times8+2\times\max(10\times8.75)=2654$mm

第 3 道箍筋

宽度 $=616.23+2\times51.44=719$mm

总长度 $=(719+719)\times2+2\times1.9\times8+2\times\max(10\times8.75)=3066$mm

第 4 道箍筋

宽度 $=719.11+2\times51.44=822$mm

总长度 $=(822+822)\times2+2\times1.9\times8+2\times\max(10\times8.75)=3478$mm

第 5 道箍筋

宽度 $=821.99+2\times51.44=925$mm

总长度 $=(925+925)\times2+2\times1.9\times8+2\times\max(10\times8.75)=3890$mm

第 6 道箍筋

宽度 $=924.87+2\times51.44=1028$mm

总长度=(1028+1028)×2+2×1.9×8+2×max(10×8.75)=4112mm

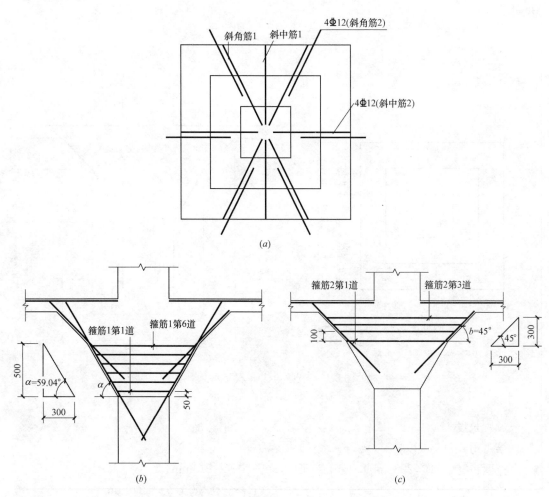

图 8-12　变倾角柱帽 ZMc 斜角筋、斜中筋、箍筋计算示意图
（a）斜角、斜中筋示意图；（b）箍筋 1 长度计算示意图；（c）箍筋 2 长度计算示意图

6. 箍筋 2 长度及根数计算

箍筋 2 斜向间距为 100mm，垂直间距为 $100 \times \sin45° = 70.7$mm，水平缩尺长度为 $100 \times \cos45° = 70.7$mm，水平第 1 道箍筋起配距离为 100m，板高范围内不配箍筋。

（1）根数

$\dfrac{300-100}{70.7}+1=3.83$，取 3 根

（2）长度

第 1 道箍筋

宽度=$1100-20/\sin45°+2×100=1243$mm

总长度=$(1243+1243)×2+2×1.9×8+2×max(10×8.75)=5162$mm

第 2 道箍筋

宽度=$1243.44+2×70.7=1385$mm

总长度＝(1385＋1385)×2＋2×1.9×8＋2×max(10×8.75)＝5730mm

第 3 道箍筋

宽度＝1384.84＋2×70.7＝1527mm

总长度＝(1527＋1527)×2＋2×1.9×8＋2×max(10×8.75)＝6298mm

变倾角柱帽钢筋明细表如表 8-6 所示。

变倾角柱帽钢筋明细表 表 8-6

序号	级别直径	简　图	单长(mm)	总根数(根)	总长(m)	总重(kg)	备　注
1	Φ12	1696	1696	4	6.084	6.024	斜角筋 1
2	Φ12	1518	1518	4	6.072	5.391	斜中筋 1
3	Φ12	180 1181 135°	1331	4	5.324	4.728	斜角筋 2
4	Φ12	180 1057 135°	1237	4	4.948	4.392	斜中筋 2
5	Φ8	513 513	2242	1	2.242	0.886	箍筋 1
6	Φ8	614 614	2646	1	2.646	1.045	箍筋 1
7	Φ8	714 714	3046	1	3.046	1.203	箍筋 1
8	Φ8	815 815	3450	1	3.45	1.363	箍筋 1
9	Φ8	916 916	3854	1	3.854	1.522	箍筋 1
10	Φ8	1017 1017	4258	1	4.258	1.682	箍筋 1
11	Φ8	1243 1243	5162	1	5.162	2.039	箍筋 2
12	Φ8	1393 1393	5762	1	5.762	2.276	箍筋 2
13	Φ8	1543 1543	6362	1	6.362	2.513	箍筋 2

第9章 广联达钢筋算量软件应用

9.1 广联达钢筋算量软件介绍

9.1.1 行业现状

随着设计方法的技术革新，采用平面整体标注法进行设计的图纸已占工程设计总量的90％以上，钢筋工程量的计算也由原来的按构件详图计算转化为新的平法规则计算。平法的应用要求我们必须用新的工具代替手工计算。

随着行业内竞争的加剧，招标投标周期越来越短，预算的精度要求越来越高，传统的算法已经不能满足日常工作的需求，我们只有利用计算才能快速准确地算量。

9.1.2 软件作用

软件不仅能够完整地计算工程的钢筋总量，而且能够根据工程要求按照结构类型的不同、楼层的不同、构件的不同，计算出各自的钢筋明细量。

9.1.3 软件计算依据

软件计算综合考虑了平法系列图集、结构设计规范、施工验收规范以及常见的钢筋施工工艺，能够满足不同的钢筋计算要求。

9.2 案例工程应用

以某钢筋翻样实训室为案例，讲解广联达算量2013的使用方法，图纸见附录。

9.2.1 新建工程

（1）打开工程，打开"广联达钢筋算量2013"，左键点击欢迎界面上的"新建向导"，进入新建工程界面，如图9-1所示。

（2）输入工程名称、选择损耗模板、报表类别、计算规则、汇总方式。在这里，工程名称为"培训工程"，损耗模板为"不计算损耗"，报表类别为"全统2000"，计算规则为"11系列平法图集"，汇总方式为"按外皮计算钢筋长度（不考虑弯曲调整值）"，如图9-2所示。

（3）点击"下一步"按钮，进入"工程信息"界面，如图9-3所示：在此界面按照图纸输入。

提示：在这里大家应注意对话框下方的"提示"信息，提示信息告诉大家这里填入的

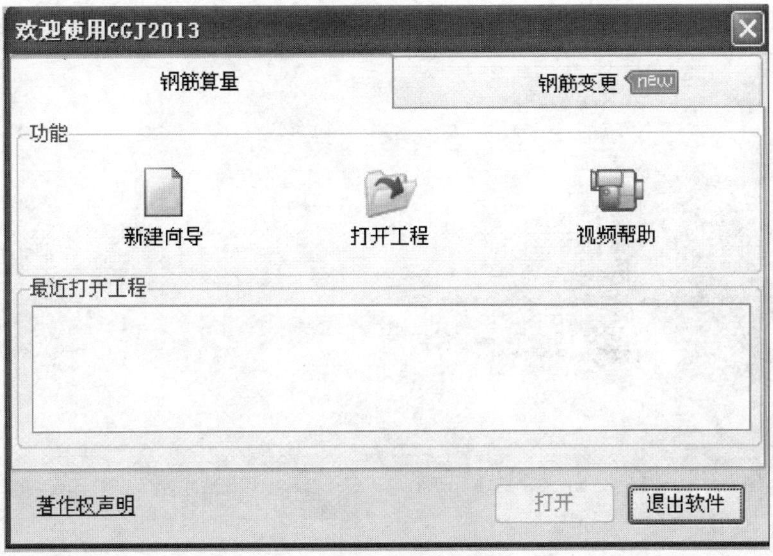

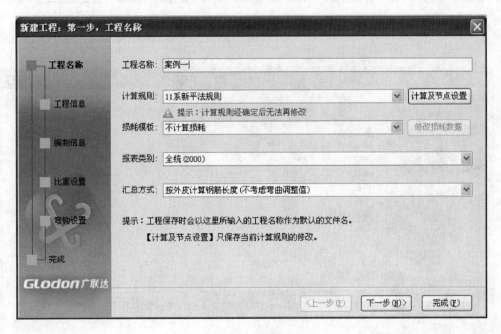

图 9-1　新建向导

图 9-2　工程名称

信息会对软件中的那些内容产生影响，大家可根据实际工程情况和提示信息，填入工程信息。

　　(4) 点击"下一步"按钮，进入"编制信息"界面，如图 9-4 所示。
　　(5) 点击"下一步"按钮，进入"比重设置"界面，如图 9-5 所示。
　　(6) 点击"下一步"按钮，进入"弯钩设置"界面，如图 9-6 所示。
　　(7) 点击"下一步"按钮，进入"完成"界面，如图 9-7 所示。

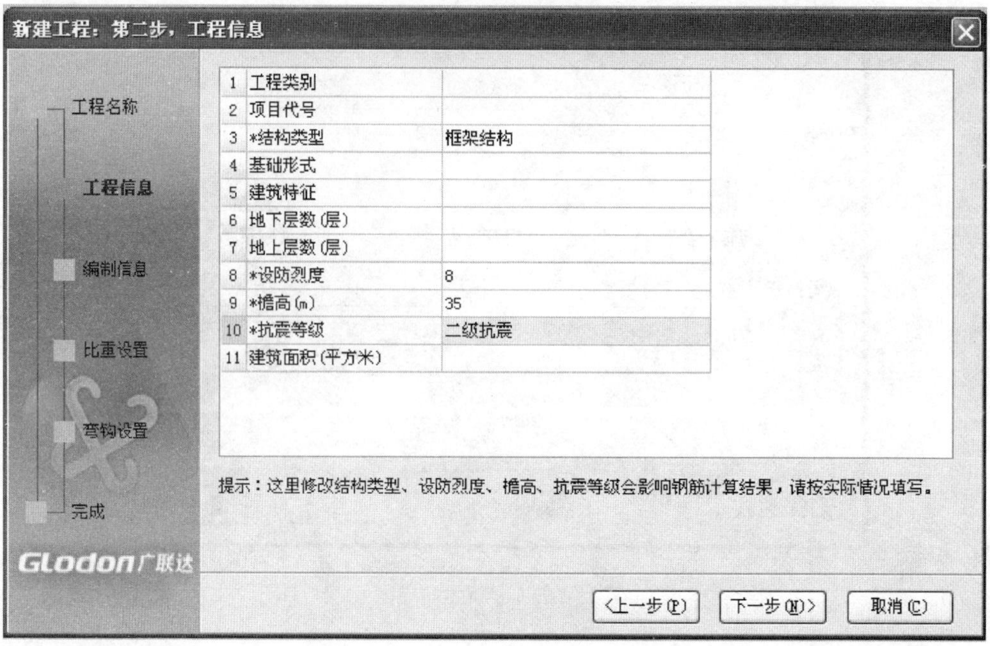

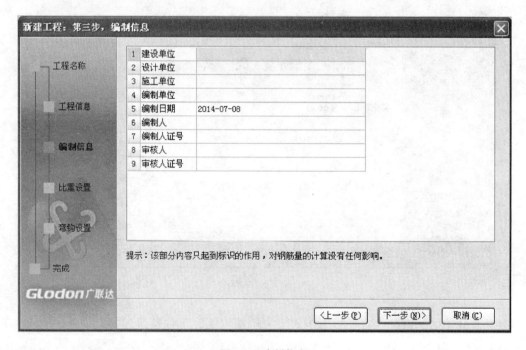

图 9-3 工程信息

图 9-4 编制信息

提示：此对话框是检查前面填写的信息是否正确，如果不正确，单击"上一步"返回可进行修改，经确认无误后则进行下步操作。

（8）点击"完成"按钮，进入"楼层管理"界面。

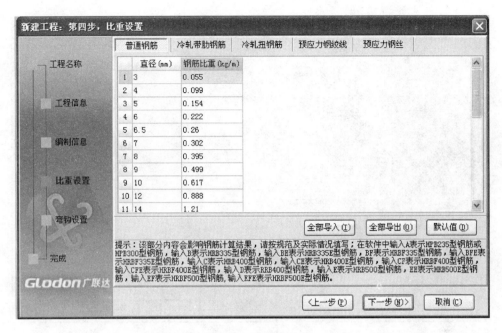

图 9-5　比重设置

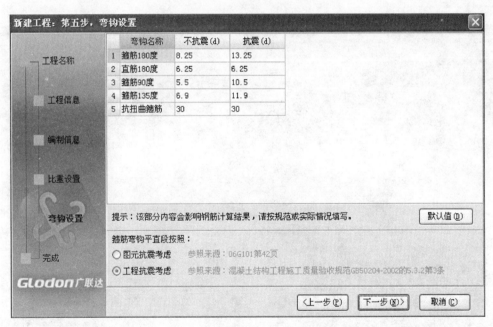

图 9-6　弯钩设置

9.2.2　新建楼层

（1）根据图纸新建楼层，左键点击"添加楼层"两次，根据图纸修改楼层层高，点击左键选择层高输入框，分别输入基础层的层高为1.5，首层的层高为3.6，如图9-8所示。

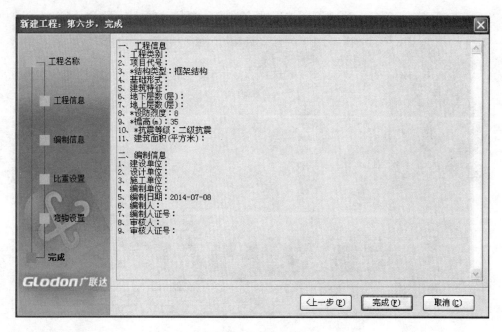

图9-7 完成

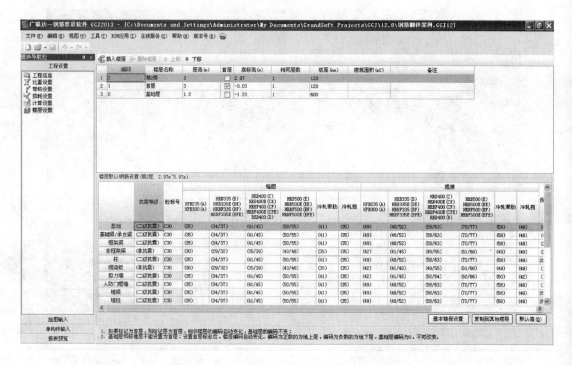

图9-8 楼层设置

（2）从图纸结构设计说明可知混凝土强度等级与保护层厚度，主体结构混凝土等级为C30，梁、柱钢筋保护层厚度为25mm，板、剪力墙钢筋保护层厚度为15mm，在下拉菜单里选择强度等级，设置完成后如图9-9所示。

152

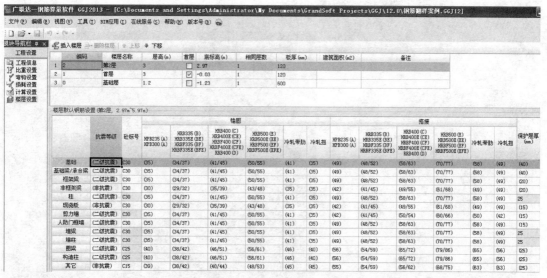

图 9-9　混凝土强度等级设置

（3）修改了"首层"的混凝土强度等级与保护层厚度，修改其他层时，可进行如下操作，在界面下，点击"复制到其他楼层"按钮，弹出选择楼层界面，如图 9-10 所示。

（4）点击"确定"按钮，即可完成楼层的新建。

9.2.3　新建轴网

（1）左键单击"绘图输入"，进入绘图界面，切换到"轴网"图层，在菜单栏点击"轴网管理"，弹出对话框。左键点击"下开间"，在右侧轴距栏依次

输入下开间的轴距（500，6500，3000，2600，4500，1200，500）

输入上开间的轴距（500，6500，3000，2600，4500，1200，500）

输入左进深的轴距（500，3500，500）

输入右进深的轴距（500，3500，500）

输入完成后如图 9-11 所示。

图 9-10　复制到其他楼层

（2）在"新建轴网"空白处，左键双击"选择"进入"请输入角度"界面，如图9-12所示。

（3）左键单击"确定"，轴网自动插入软件中，如图 9-13 所示，建立轴网完成。

（4）左边点击 1 轴线，在弹出的提示框中输入"偏移距离"为"2150"，输入"轴号"为"1/a"。

（5）左边点击 1/a 轴线，在弹出的提示框中输入"偏移距离"为"2200"，输入"轴号"为"1/b"，点击"确定"即可完成辅轴的绘制，如图 9-14 所示。

提示：平行辅轴的偏移距离按照坐标分正负值。

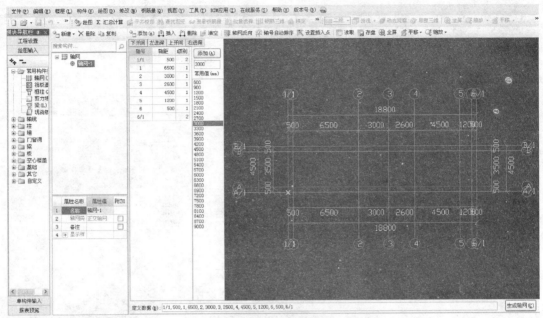

图 9-11 新建轴网

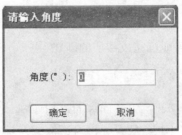

图 9-12 轴网角度设置

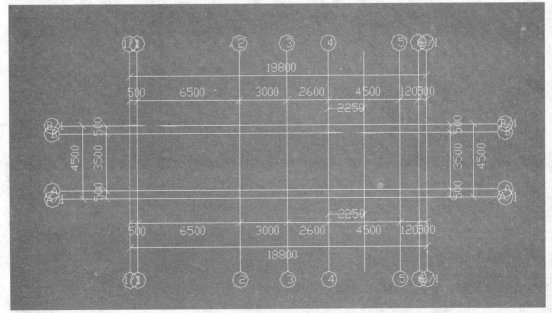

图 9-13 轴网

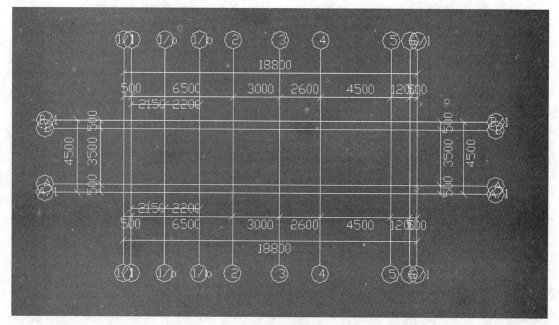

图 9-14　平行辅轴

9.2.4　绘制基础层构件

1. 绘制端柱、暗柱、框架柱、剪力墙

（1）切换楼层到"基础层"，选择"端柱"图层，点击"定义构件"，按照图纸定义 DZ1、YJZ1、YYZ1，如图 9-15 所示。

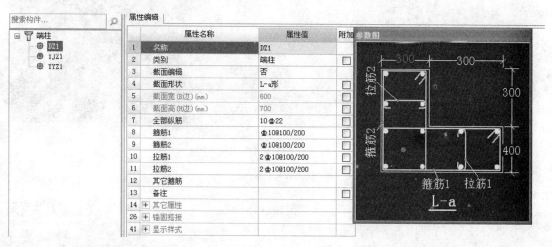

图 9-15　新建端柱 DZ1、YJZ1、YYZ1

（2）在新建端柱空白处鼠标左键双击进入绘图界面，对照图纸，布置端柱 DZ1、YJZ1、YYZ1。

（3）切换楼层到"基础层"，选择"暗柱"图层，点击"定义构件"，按照图纸定义 YAZ1，如图 9-16 所示。

（4）在新建端柱空白处鼠标左键双击进入绘图界面，对照图纸，布置暗柱 YAZ1。

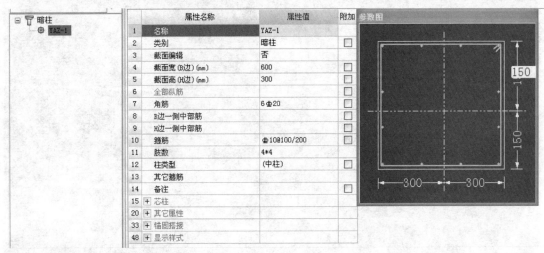

图 9-16　新建暗柱 YAZ1

（5）切换楼层到"基础层"，选择"框架柱"图层，点击"定义构件"，按照图纸定义 KZ1，如图 9-17 所示。

（6）在新建端柱空白处鼠标左键双击进入绘图界面，对照图纸，布置框架柱 KZ1。

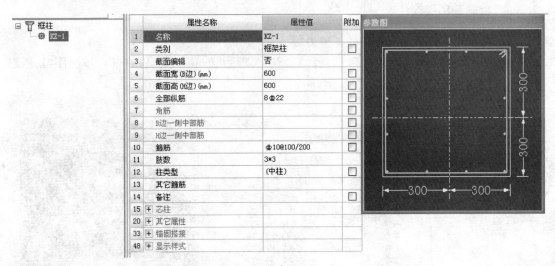

图 9-17　新建框架柱 KZ1

（7）切换楼层到"基础层"，选择"框架柱"图层，点击"定义构件"，按照图纸定义剪力墙 Q1，如图 9-18 所示。

（8）在新建端柱空白处鼠标左键双击进入绘图界面，对照图纸，布置剪力墙 Q1。基础层端柱、暗柱、框架柱、剪力墙如图 9-19 所示。

2. 绘制筏板基础

该工程的基础为筏板基础，厚度为 600mm，混凝土等级为 C30，底筋保护层厚度为 40mm，筏板底面标高为－1.23m，顶面标高为－0.63m，筏板配筋为双层双向Φ 10 @150。

156

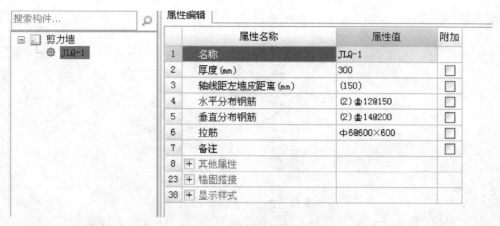

图 9-18　新建剪力墙 JLQ-1

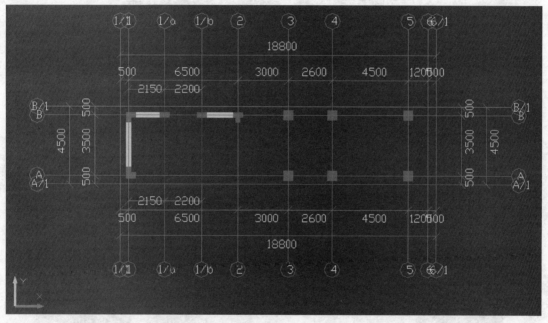

图 9-19　端柱、暗柱、框架柱、剪力墙布置

（1）切换楼层到"基础层"，选择"筏板基础"图层，点击"定义构件"，按照图纸定义 FB-1，如图 9-20 所示。

（2）切换楼层到"基础层"，选择"筏板基础"图层，点击"定义构件"，按照图纸定义筏板底筋 FBZJ-1、面筋 FBZJ-2，如图 9-21 和图 9-22 所示。

（3）在新建端柱空白处鼠标左键双击进入绘图界面，对照图纸，

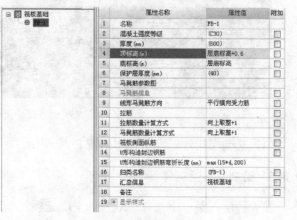

图 9-20　定义筏板基础

布置筏板基础、筏板底筋及面筋，如图 9-23 所示。

图 9-21 定义筏板底筋 FBZJ-1

图 9-22 定义筏板面筋 FBZJ-2

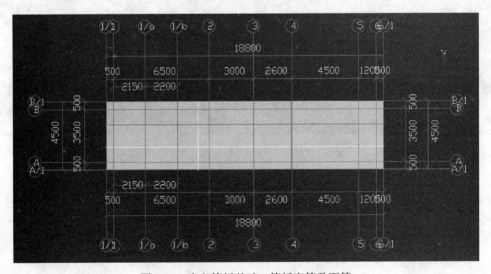

图 9-23 定义筏板基础、筏板底筋及面筋

（4）基础层构件三维示意图如图 9-24 所示。

9.2.5 绘制首层梁构件

在"楼层"菜单中选择"复制选定图元到其他层"，如图 9-25 所示，将楼层切换到基础层，选择端柱、暗柱、框架柱、剪力墙，复制到首层，如图 9-26 所示。

158

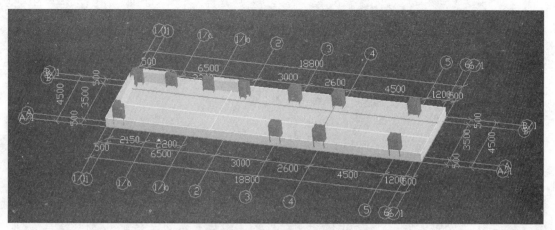

图 9-24 基础层构件三维显示

图 9-25 复制选定图元到其他层

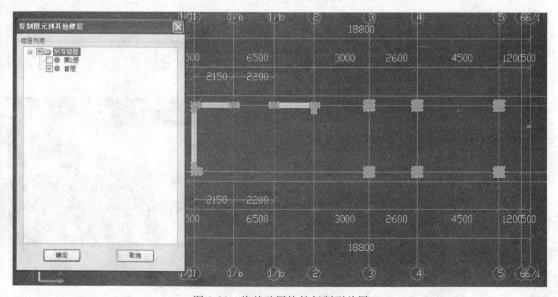

图 9-26 将基础层构件复制到首层

1. 定义梁构件

(1) 切换到"梁"图层，点击"定义构件"，在定义构件窗体里分别输入："名称"为"KL-1"，"跨数"为"3"，"截面宽"为"300"，"截面高"为"600"，"箍筋"为"A10@100/200 (4)"，"上部通长筋"为"2c22＋(2c14)"，"下部通长筋"为空，侧面构造钢筋"N4c16"即可完成构件定义，依次定义 KL-2、KL-3、LL-1、LL-2，如图9-27所示。

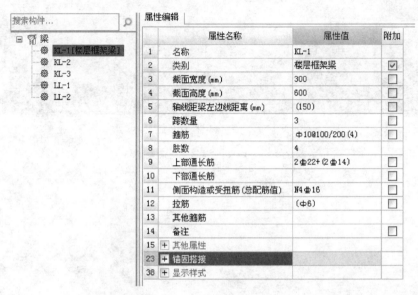

图 9-27　定义框架梁 KL-1

(2) 切换到"门窗洞口"图层，点击"连梁"，在定义构件窗体里分别输入："名称"为"LL1"，"截面宽"为"300"，"截面高"为"600"，"箍筋"为"C10@100 (4)"，"上部通长筋"为"4窗0"，"下部通长筋"为4C20。

(3) 点击"选择构件"即可退出到绘图界面。

2. 绘制梁

点击"直线"选择画法，再依次点击轴线③与⑧交点和轴线⑥与⑧交点

即可完成 KL-1 的绘制，点击"对齐"下的"设置梁靠柱边"。对照图纸完成 KL-2、非框架梁 LL-1、LL-2、连梁 LL1 梁绘制，如图9-28所示。

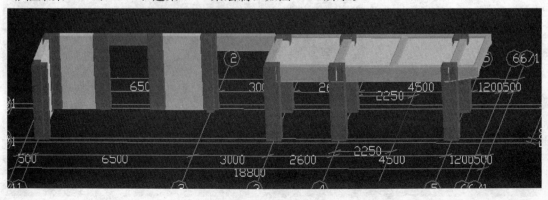

图 9-28　首层梁绘制

3. 梁原位标注

（1）点击"梁原位标注"下的"梁平法表格"，点击绘制的梁 KL1，即可弹出平法输入表格，对照图纸，将梁 KL1 的原位标注信息输入到"梁的平法表格中"，如图 9-29 所示。

（2）依次完成 KL2、LL1、LL2 的梁平法标注。

	跨号	标高(m)		构件尺寸(mm)							上通长筋	上部钢筋			下部钢筋		侧面通长筋
		起点标高	终点标高	A1	A2	A3	A4	跨长	截面(B*H)	距左边线距离		左支座钢筋	跨中钢筋	右支座钢筋	下通长筋	下部钢筋	
1	1	2.97	2.97	(600)	(0)	(200)		(2700)	(300*600)	(150)	2Φ22	6Φ22 4/2	(2Φ14)	6Φ22 4/2		6Φ25 2/4	N4Φ16
2	2	2.97	2.97		(200)	(200)		(2600)	300*500	(150)			(2Φ14)	6Φ22 4/2		4Φ22	
3	3	2.97	2.97		(200)	(200)		(4500)	300*700	(150)			(2Φ14)	6Φ22 4/2		2Φ25/2 2Φ22+	
4	4	2.97	2.97				(200)	(1700)	300*600/4	(150)	5Φ22 3/2		(2Φ14)			4Φ20	

图 9-29　梁 KL1 平法表格

9.2.6　绘制首层板构件

1. 定义板构件

（1）切换到板图层，点击"定义构件"。新建板构件，输入名称为"LB-1"，厚度为"110"，完成板 LB1 的建立，如图 9-30 所示。

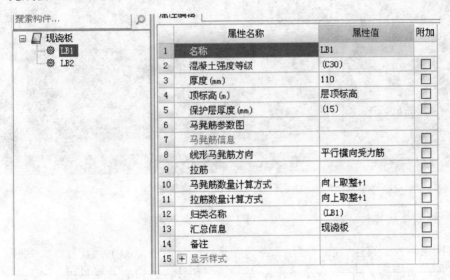

	属性名称	属性值	附加
1	名称	LB1	
2	混凝土强度等级	(C30)	☐
3	厚度 (mm)	110	☐
4	顶标高 (m)	层顶标高	☐
5	保护层厚度 (mm)	(15)	☐
6	马凳筋参数图		☐
7	马凳筋信息		☐
8	线形马凳筋方向	平行横向受力筋	☐
9	拉筋		☐
10	马凳筋数量计算方式	向上取整+1	☐
11	拉筋数量计算方式	向上取整+1	☐
12	归类名称	(LB1)	☐
13	汇总信息	现浇板	☐
14	备注		☐
15	⊞ 显示样式		

图 9-30　定义板 LB1

（2）LB2 板定义的方法与 LB1 板相同。

2. 绘制板

点击"选择构件"，退回到绘图界面，点击"矩形画板"，对照图纸，完成 LB1、LB2 板的绘制。

3. 绘制板受力筋

（1）切换到"板受力筋"图层，定义 LB1、LB2 板的受力筋 XC10@150、YC10@150，定义 LB1、LB2 板的支座负筋 C6@150、C8@150。

（2）对照图纸，布置 LB1、LB2 板的底筋，如图 9-31 所示。

（3）对照图纸，绘制 LB1、LB2 板的支座负筋，如图 9-32 所示。

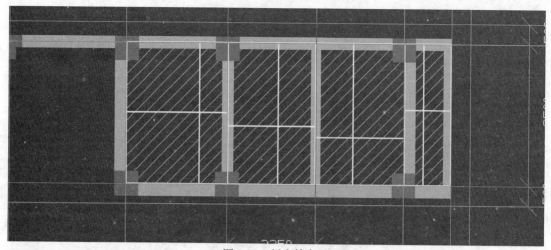

图 9-31　板底筋布置

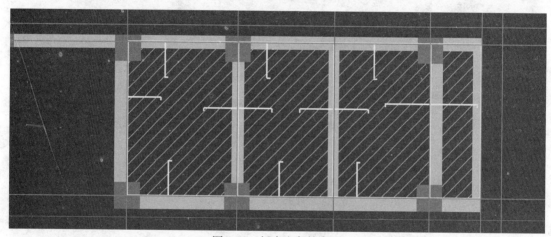

图 9-32　板支座负筋布置

9.2.7　绘制 2 层构件

将图层切换到首层，在"楼层"菜单中选择"复制选定图元到其他层"，如图 9-25 所示，将楼层切换到基础层，选择端柱、暗柱、框架柱、剪力墙，复制到 2 层。

绘制屋面梁 WKL1：切换到"梁"图层，点击"定义构件"，在定义构件窗体里分别输入："名称"为"WKL-1"，梁类型为"屋面框架梁"，"跨数"为"3"，"截面宽"为"300"，"截面高"为"400"，"箍筋"为"A10@100/200（4）"，"上部通长筋"为"2c22"，"下部通长筋"为 4c25，侧面构造钢筋为空，即可完成构件定义，如图 9-33 所示。

9.2.8　汇总计算

（1）左键点击菜单栏的"汇总计算"，弹出选择界面，如图 9-34 所示。
（2）左键点击"计算"，软件即可自动计算，计算关闭后给出提示，如图 9-35 所示。
（3）点击"确定"，软件计算完毕。
（4）查看报表，鼠标左键点击"报表预览"，弹出"设置报表范围"窗体，如图 9-36 所示。

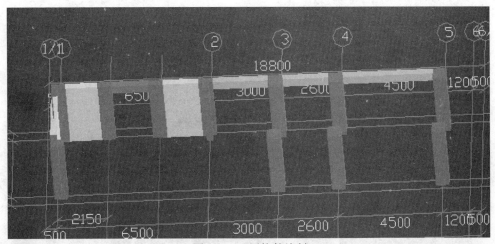

图 9-33　2 层构件绘制

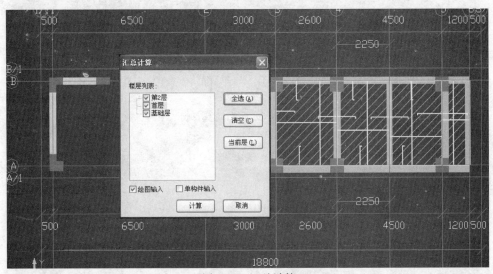

图 9-34　汇总计算

图 9-35　计算完成

（5）点击"确定"，再次点击鼠标左键（放大），即可查看"工程技术经济指标表"，如图 9-37 所示。

（6）左键点击"钢筋统计汇总表"，即可查看计算的钢筋统计汇总表，如图 9-38 所示。

（7）左键点击"钢筋明细表"，即可查看计算的钢筋明细表，如表 9-1～表 9-3 所示。

图 9-36 设置报表范围

工程技术经济指标

设计单位：

编制单位：

建设单位：

项目名称：钢筋翻样案例

项目代号：

工程类别：	结构类型：框架结构	基础形式：
结构特征：	地上层数：	地下层数：
抗震等级：二级抗震	设防烈度：8	檐高(m)：35
建筑面积(m²)：	实体钢筋总重(未含措施/损耗/贴焊锚筋)(T)：9.464	单方钢筋含量(kg/m²)：0
损耗重(T)：0	措施筋总重(T)：0.028	贴焊锚筋总重(T)：0

编制人：   审核人：

图 9-37 工程技术经济指标

钢筋统计汇总表（包含措施筋）

工程名称：钢筋翻样案例　　　　　　　　编制日期：2014-07-10

构件类型	合计	级别	6	8	10	12	14	16	20	22	25
柱	2.058	Φ			0.811					1.248	
暗柱\端柱	1.859	Φ			0.868				0.491	0.5	
墙	0.014	Φ	0.014								
	1.467	Φ				0.85	0.616				
暗梁	0.079	Φ			0.017				0.062		
连梁	0.165	Φ			0.032				0.132		
梁	0.535	Φ	0.01		0.525						
	1.518	Φ				0.029	0.027	0.078	0.067	0.887	0.43
现浇板	0.008	Φ	0.008								
	0.321	Φ	0.047	0.016	0.259						
筏板基础	1.469	Φ			1.469						
合计	0.555	Φ	0.03		0.525						
	8.937	Φ	0.047	0.016	3.456	0.88	0.643	0.078	0.752	2.635	0.43

图 9-38 钢筋统计汇总表

钢筋明细表（基础层）

表 9-1

筋号	级别	直径(mm)	钢筋图形	计算公式	根数(根)	总根数(根)	单长(m)	总长(m)	总重(kg)
构件名称:KZ-1[114]				构件数量:4		本构件钢筋重:57.244kg			
				构件位置:<3,A>;<3,B>;<4,A>;<5,A>					
全部纵筋插筋1	Φ	22	2330 / 330	$3000/3+l\max(35d,500)+600-40+15d$	4	16	2.66	42.56	126.829
全部纵筋插筋2	Φ	22	1560 / 330	$3000/3+600-40+15d$	4	16	1.89	30.24	90.115
箍筋1	Φ	10	550 550	$2\times[(600-2\times25)+(600-2\times25)]+2\times11.9d$	2	8	2.438	19.504	12.034
构件名称:KZ-1[115]				构件数量:2		本构件钢筋重:56.458kg			
				构件位置:<4,B>;<5,B>					
全部纵筋插筋1	Φ	22	2297 / 330	$2900/3+l\max(35d,500)+600-40+15d$	4	8	2.627	21.016	62.628
全部纵筋插筋2	Φ	22	1527 / 330	$2900/3+600-40+15d$	4	8	1.857	14.856	44.271
箍筋1	Φ	10	550 550	$2\times[(600-2\times25)+(600-2\times25)]+2\times11.9d$	2	4	2.438	9.752	6.017
构件名称:DZ1[37]				构件数量:1		本构件钢筋重:60.58kg			
				构件位置:<1,A>					
全部纵筋插筋1	Φ	22	1830 / 330	$500+l\max(35d,500)+600-40+15d$	5	5	2.16	10.8	32.184
全部纵筋插筋2	Φ	22	1060 / 330	$500+600-40+15d$	5	5	1.39	6.95	20.711
箍筋1	Φ	10	350 550	$2\times(300+300-2\times25+400-2\times25)+2\times11.9d$	2	2	2.038	4.076	2.515
拉筋1	Φ	10	350	$400-2\times25+2\times11.9d$	4	4	0.588	2.352	1.451

筋号	级别	直径(mm)	钢筋图形	计算公式	根数(根)	总根数(根)	单长(m)	总长(m)	总重(kg)
箍筋2	Φ	10	250 650	$2×(400+300-2×25+300-2×25)+2×11.9d$	2	2	2.038	4.076	2.515
拉筋2	Φ	10	250	$300-2×25+2×11.9d$	4	4	0.488	1.952	1.204
构件名称：YJZ1[39]　构件位置：<1,B>　构件数量：1　本构件钢筋重：57.629kg									
全部纵筋插筋1	Φ	20	300 1760	$500+l\max(35d,500)+600-40+15d$	6	6	2.06	12.36	30.529
全部纵筋插筋2	Φ	20	300 1060	$500+600-40+15d$	6	6	1.36	8.16	20.155
钢筋	Φ	10	250 550	$2×(300+300-2×25+300-2×25)+2×11.9d$	4	4	1.838	7.352	4.536
钢筋	Φ	10	250	$300-2×25+2×11.9d$	8	8	0.488	3.904	2.409
构件名称：YYZ1[41]　构件位置：<2,B>　构件数量：1　本构件钢筋重：59.84kg									
全部纵筋插筋1	Φ	22	330 1830	$500+l\max(35d,500)+600-40+15d$	5	5	2.16	10.8	32.184
全部纵筋插筋2	Φ	22	330 1060	$500+600-40+15d$	5	5	1.39	6.95	20.711
钢筋	Φ	10	250 550	$2×(300+300-2×25+300-2×25)+2×11.9d$	4	4	1.838	7.352	4.536
钢筋	Φ	10	250	$300-2×25+2×11.9d$	8	8	0.488	3.904	2.409
构件名称：YAZ-1[45]　构件位置：<1+2150,B>;<2-2150,B>　构件数量：2　本构件钢筋重：30.962kg									
角筋插筋1	Φ	20	300 1760	$500+l\max(35d,500)+600-40+15d$	3	6	2.06	12.36	30.529
角筋插筋2	Φ	20	300 1060	$500+600-40+15d$	3	6	1.36	8.16	20.155

筋号	级别	直径(mm)	钢筋图形	计算公式	根数(根)	总根数(根)	单长(m)	总长(m)	总重(kg)
箍筋1	Φ	10	250 550	$2\times[(600-2\times25)+(300-2\times25)]+2\times11.9d$	2	4	1.838	7.352	4.536
箍筋2	Φ	10	250 210	$2\{[(600-2\times25-2d-20)/3l+20+2d)]+(300-2\times25)\}+2\times11.9d$	2	4	1.158	4.632	2.858
箍筋3	Φ	10	550 110	$2\{[(300-2\times25-2d-20)/3l+20+2d)]+(600-2\times25)\}+2\times11.9d$	2	4	1.558	6.232	3.845

构件位置:<1,B-450><1,A+500>　构件名称:JLQ-1[84]　构件数量:1　本构件钢筋重:142.77kg

筋号	级别	直径(mm)	钢筋图形	计算公式	根数(根)	总根数(根)	单长(m)	总长(m)	总重(kg)
钢筋	Φ	12	120 3820 120	$3850-15+10d-15+10d$	14	14	4.06	56.84	50.474
墙身垂直钢筋1	Φ	14	1289	$600+1.2\times41\times14$	13	13	1.289	16.757	20.276
钢筋	Φ	14	84 3038	$600+500+1.2\times41d+1.2\times14\times41+600-40+6d$	13	13	3.122	40.586	49.109
钢筋	Φ	14	84 1260	$50\times14+600-40+6d$	13	13	1.344	17.472	21.141
墙身拉筋1	Φ	6	270	$(300-2\times15)+2(75+1.9d)$	18	18	0.443	7.974	1.77

构件位置:<1+450,B><1+1850,B>　构件名称:JLQ-1[86]　构件数量:1　本构件钢筋重:79.868kg

筋号	级别	直径(mm)	钢筋图形	计算公式	根数(根)	总根数(根)	单长(m)	总长(m)	总重(kg)
钢筋	Φ	12	120 2570 120	$2600-15+10d-15+10d$	12	12	2.81	33.72	29.943
墙身垂直钢筋1	Φ	14	1289	$600+1.2\times41\times14$	7	7	1.289	9.023	10.918
钢筋	Φ	14	84 3038	$600+500+1.2\times41d+1.2\times14\times41+600-40+6d$	7	7	3.122	21.854	26.443
钢筋	Φ	14	84 1260	$50\times14+600-40+6d$	7	7	1.344	9.408	11.384
墙身拉筋1	Φ	6	270	$(300-2\times15)+2(75+1.9d)$	12	12	0.443	5.316	1.18

续表

筋号	级别	直径(mm)	钢筋图形	计算公式	根数(根)	总根数(根)	单长(m)	总长(m)	总重(kg)
构件名称:JLQ-1[88]				构件数量:1					
构件位置:<2-1850,B><2-300,B>									本构件钢筋重:93.687kg
钢筋	Φ	12	2720 / 120 / 120	$2750-15+10×d-15+10d$	14	14	2.96	41.44	36.799
墙身垂直钢筋1	Φ	14	1289	$600+1.2×41×14$	8	8	1.289	10.312	12.478
钢筋	Φ	14	1260 / 84	$50×14+600-40+6d$	8	8	1.344	10.752	13.01
钢筋	Φ	14	3038 / 84	$600+500+1.2×41d+1.2×41×14+600-40+6d$	8	8	3.122	24.976	30.221
墙身拉筋1	Φ	6	270	$(300-2×15)+2(75+1.9d)$	12	12	0.443	5.316	1.18
构件名称:AL-1[96]				构件数量:1					
构件位置:<1+450,B><1+1850,B>									本构件钢筋重:79.255kg
钢筋	Φ	20	2550 / 300 / 300	$1400+600-25+15d+600-25+15d$	8	8	3.15	25.2	62.244
箍筋1	Φ	10	550 / 250	$2×[(300-2×25)+(600-2×25)]+2×11.9d$	15	15	1.838	27.57	17.011
构件名称:FB-1[33]				构件数量:1					
构件位置:<6/1,A+999><1/1,A+1000>;<2-733,A/1>;<2-733,B/1>;<2/1,B-1000><1/1,B-999>;<4-66,B/1>;<4-66,A/1>									本构件钢筋重:1469.398kg
筏板受力筋1	Φ	10	18720 / 120	$18800-40+12d-40+12d+1160$	30	30	20.12	603.6	372.421
筏板受力筋1	Φ	10	4420 / 120	$4500-40+12d-40+12d$	126	126	4.66	587.16	362.278
筏板受力筋1	Φ	10	18720 / 120	$18800-40+12d-40+12d+1160$	30	30	20.12	603.6	372.421
筏板受力筋1	Φ	10	4420 / 120	$4500-40+12d-40+12d$	126	126	4.66	587.16	362.278

表 9-2

钢筋明细表（首层）

楼层名称：首层（绘图输入）　　钢筋总重：4643.271kg

构件名称：KZ-1[132]　　构件数量：1　　构件位置：<3,B-150>　　本构件钢筋重：204.823kg

筋号	级别	直径(mm)	钢筋图形	计算公式	根数(根)	总根数(根)	单长(m)	总长(m)	总重(kg)
钢筋	Φ	22	3200	$3600-1770+\max(2600/6,600,500)+l\max(35d,500)$	8	8	3.2	25.6	76.288
全部纵筋插筋1	Φ	22	2330 / 330	$3000/3+l\max(35d,500)+600-40+15d$	4	4	2.66	10.64	31.707
全部纵筋插筋2	Φ	22	1560 / 330	$3000/3+600-40+15d$	4	4	1.89	7.56	22.529
箍筋1	Φ	10	550 / 550	$2\times[(600-2\times25)+(600-2\times25)]+2\times11.9d$	30	30	2.438	73.14	45.127
箍筋2	Φ	10	550	$(600-2\times25)+2\times11.9d$	60	60	0.788	47.28	29.172

构件名称：KZ-1[133]　　构件位置：<4,B-150>;<5,B-150>　　构件数量：2　　本构件钢筋重：207.3kg

筋号	级别	直径(mm)	钢筋图形	计算公式	根数(根)	总根数(根)	单长(m)	总长(m)	总重(kg)
钢筋	Φ	22	3233	$3600-1737+\max(2600/6,600,500)+l\max(35d,500)$	8	16	3.233	51.728	154.149
全部纵筋插筋1	Φ	22	2297 / 330	$2900/3+l\max(35d,500)+600-40+15d$	4	8	2.627	21.016	62.628
全部纵筋插筋2	Φ	22	1527 / 330	$2900/3+600-40+15d$	4	8	1.857	14.856	44.271
箍筋1	Φ	10	550 / 550	$2\times[(600-2\times25)+(600-2\times25)]+2\times11.9d$	31	62	2.438	151.156	93.263
箍筋2	Φ	10	550	$(600-2\times25)+2\times11.9d$	62	124	0.788	97.712	60.288

筋号	级别	直径(mm)	钢筋图形	计算公式	根数(根)	总根数(根)	单长(m)	总长(m)	总重(kg)
构件名称：KZ-1_135]				构件位置：<3.A>；<4.A>；<5.A> 构件数量：3		本构件钢筋重：150.587kg			
钢筋	Φ	22	3200	$3600-1000+\max(3000/6,600,500)$	8	24	3.2	76.8	228.864
箍筋1	Φ	10	550 550	$2\times[(600-2\times25)+(600-2\times25)]+2\times11.9d$	30	90	2.438	219.42	135.382
箍筋2	Φ	10	550	$(600-2\times25)+2\times11.9d$	60	180	0.788	141.84	87.515
构件名称：DZ1[67]				构件位置：<1.A> 构件数量：1		本构件钢筋重：218.718kg			
钢筋	Φ	22	3600	$3600-1270+500+l\max(35d,500)$	10	10	3.6	36	107.28
箍筋1	Φ	10	350 550	$2\times(300+300-2\times25+400-2\times25)+2\times11.9d$	29	29	2.038	59.102	36.466
拉筋1	Φ	10	350	$400-2\times25+2\times11.9d$	58	58	0.588	34.104	21.042
箍筋2	Φ	10	250 650	$2\times(400+300-2\times25+300-2\times25)+2\times11.9d$	29	29	2.038	59.102	36.466
拉筋2	Φ	10	250	$300-2\times25+2\times11.9d$	58	58	0.488	28.304	17.464

筋号	级别	直径(mm)	钢筋图形	计算公式	根数(根)	总根数(根)	单长(m)	总长(m)	总重(kg)
构件名称:YJZ1[68]				构件位置:<1,B>		本构件钢筋重:203.933kg			
钢筋	Φ	20	3600	3600−500+500	12	12	3.6	43.2	106.704
钢筋	Φ	10	250 550	2×(300+300−2×25+300−2×25)+2×11.9d	56	56	1.838	102.928	63.507
钢筋	Φ	10	250	300−2×25+2×11.9d	112	112	0.488	54.656	33.723
构件名称:YAZ-1[69]				构件位置:<1+2150,B>;<2−2150,B>		构件数量:2　本构件钢筋重:132.027kg			
钢筋	Φ	20	3600	3600−500+500	6	12	3.6	43.2	106.704
箍筋1	Φ	10	250 550	2×[(600−2×25)+(300−2×25)]+2×11.9d	28	56	1.838	102.928	63.507
箍筋2	Φ	10	250 210	2{[(600−2×25−2d−20)/3l+20+2d]+(300−2×25)}+2×11.9d	28	56	1.158	64.848	40.011
箍筋3	Φ	10	550 110	2{[(300−2×25−2d−20)/3l+20+2d]+(600−2×25)}+2×11.9d	28	56	1.558	87.248	53.832

构件数量:1

续表

筋号	级别	直径(mm)	钢筋图形	计算公式	根数(根)	总根数(根)	单长(m)	总长(m)	总重(kg)
构件名称:YYZ1[71]				构件位置:<2,B>		本构件钢筋重:211.454kg			
构件数量:1									
钢筋	Φ	22	3600	3600−500+500	10	10	3.6	36	107.28
钢筋	Φ	10	250	300−2×25+2×11.9d	120	120	0.488	58.56	36.132
钢筋	Φ	10	250 550	2×(150+300+150−2×25+300−2×25)+2×11.9d	60	60	1.838	110.28	68.043
构件名称:JLQ-1[93]				构件数量:1		本构件钢筋重:269.74kg			
				构件位置:<1,B−450><1,A+500>					
墙身水平钢筋1	Φ	12	120 3820 120	3850−15+10d−15+10d	42	42	4.06	170.52	151.422
墙身垂直钢筋1	Φ	14	3689	3000+1.2×41×14	26	26	3.689	95.914	116.056
墙身拉筋1	Φ	6	270	(300−2×15)+2(75+1.9d)	23	23	0.443	10.189	2.262
构件名称:JLQ-1[94]				构件数量:1		本构件钢筋重:168.572kg			
				构件位置:<1+450,B><1+1850,B>					
墙身水平钢筋1	Φ	12	120 2570 120	2600−15+10d−15+10d	42	42	2.81	118.02	104.802
墙身垂直钢筋1	Φ	14	3689	3000+1.2×41×14	14	14	3.689	51.646	62.492
墙身拉筋1	Φ	6	270	(300−2×15)+2(75+1.9d)	13	13	0.443	5.759	1.278

172

筋号	级别	直径(mm)	钢筋图形	计算公式	根数(根)	总根数(根)	单长(m)	总长(m)	总重(kg)
构件名称:JLQ-1[95]				构件数量:1					
构件位置:<2-1850,B><2-300,B>							本构件钢筋重:183.192kg		
墙身水平钢筋1	Φ	12	2720 / 120 / 120	2750-15+10d-15+10d	42	42	2.96	124.32	110.396
墙身垂直钢筋1	Φ	14	3689	3000+1.2×41×14	16	16	3.689	59.024	71.419
墙身拉筋1	Φ	6	270	(300-2×15)+2(75+1.9d)	14	14	0.443	6.202	1.377
构件名称:LL1[227]				构件数量:1					
构件位置:<1+2450,B><2-2450,B>							本构件钢筋重:80.392kg		
钢筋	Φ	20	2750 / 300 / 300	1600+600-25+15d+600-25-25+15d	8	8	3.35	26.8	66.196
连梁箍筋1	Φ	10	350 / 250	2×[(300-2×25)+(400-2×25)]+2×11.9d	16	16	1.438	23.008	14.196
构件名称:KL-1[103]				构件数量:1					
构件位置:<2+300,B><3,B><4,B><5,B><6,B>							本构件钢筋重:843.182kg		
1跨,上通长筋1	Φ	22	12060 / 330 / 264	600-20+15d+11500+264-20	2	2	12.654	25.308	75.418
1跨,左支座筋1	Φ	22	1413 / 330	600-20+15d+2500/3	2	2	1.743	3.486	10.388
1跨,左支座筋3	Φ	22	1205 / 330	600-20+15d+2500/4	2	2	1.535	3.07	9.149
1跨,右支座筋1	Φ	22	5200	2500/3+400+2200+400+4100/3	2	2	5.2	10.4	30.992

筋号	级别	直径(mm)	钢筋图形	计算公式	根数(根)	总根数(根)	单长(m)	总长(m)	总重(kg)
1跨,右支座筋3	Φ	22	1650	2500/4+400+2500/4	2	2	1.65	3.3	9.834
1跨,架立筋1	Φ	14	1134	150−2500/3+2500+150−2500/3	2	2	1.134	2.268	2.744
1跨,侧面受扭通长筋1	Φ	16	12072	600−20+15d+11500+11.86−20	4	4	12.312	49.248	77.812
钢筋	Φ	25	375, 3460, 375	600−20+15d+2500+400−20+15d	6	6	4.21	25.26	97.251
2跨,右支座筋1	Φ	22	2450	4100/4+400+4100/4	2	2	2.45	4.9	14.602
2跨,下部钢筋1	Φ	22	4004	41d+2200+41d	4	4	4.004	16.016	47.728
3跨,架立筋1	Φ	22	2269	4100/3+41d	1	1	2.269	2.269	6.762
3跨,右支座筋2	Φ	22	264, 3247	4100/3+400+1500+264−20	1	1	3.511	3.511	10.463
3跨,右支座筋3	Φ	22	220, 2530, 45°, 340	4100/4+400+0.75×1500+(400−20×3)×1.414+220	2	2	3.251	6.502	19.376
3跨,架立筋1	Φ	14	1666	150−4100/3+4100+150−4100/3	2	2	1.666	3.332	4.032
钢筋	Φ	22	330, 4860, 330	400−20+15d+4100+400−20+15d	4	4	5.52	22.08	65.798
钢筋	Φ	25	375, 4860, 375	400−20+15d+4100+400−20+15d	6	6	5.61	33.66	129.591
4跨,下部钢筋1	Φ	20	1792	15d+1500+11.86−20	4	4	1.792	7.168	17.705

筋号	级别	直径(mm)	钢筋图形	计算公式	根数(根)	总根数(根)	单长(m)	总长(m)	总重(kg)
1跨.箍筋1	Φ	10	560　260	$2×[(300-2×20)+(600-2×20)]+2×11.9d$	23	23	1.878	43.194	26.651
1跨.箍筋2	Φ	10	560　117	$2\{[(300-2×20-2d-25)/3l+25+2d]+(600-2×20)\}+2×11.9d$	23	23	1.591	36.593	22.578
钢筋	Φ	6	260	$(300-2×20)+2(75+1.9d)$	60	60	0.433	25.98	5.768
钢筋	Φ	10	460　260	$2×[(300-2×20)+(500-2×20)]+2×11.9d$	32	32	1.678	53.696	33.13
钢筋	Φ	10	460　115	$2\{[(300-2×20-2d-22)/3l+22+2d]+(500-2×20)\}+2×11.9d$	32	32	1.387	44.384	27.385
3跨.箍筋1	Φ	10	660　260	$2×[(300-2×20)+(700-2×20)]+2×11.9d$	31	31	2.078	64.418	39.746
3跨.箍筋2	Φ	10	660　117	$2\{[(300-2×20-2d-25)/3l+25+2d]+(700-2×20)\}+2×11.9d$	31	31	1.791	55.521	34.256
钢筋	Φ	25	260	$300-2×20$	24	24	0.26	6.24	24.024

本构件钢筋重:395.616kg

构件名称:KL-2[107] 构件位置:<3+200.A><4.A><5.A><6.A> 构件数量:1

筋号	级别	直径(mm)	钢筋图形	计算公式	根数(根)	总根数(根)	单长(m)	总长(m)	总重(kg)
1跨.上通长筋1	Φ	22	330　8460　264	$400-20+15d+8100+264-20$	2	2	9.054	18.108	53.962
1跨.左支座筋1	Φ	22	330　1113	$400-20+15d+2200/3$	2	2	1.443	2.886	8.6
1跨.右支座筋1	Φ	22	3134	$4100/3+400+4100/3$	2	2	3.134	6.268	18.679

筋号	级别	直径(mm)	钢筋图形	计算公式	根数(根)	总根数(根)	单长(m)	总长(m)	总重(kg)
1跨·侧面构造通长筋1	Φ	12	8277	$15d+8100+16.83-20$	4	4	8.277	33.108	29.4
1跨·下通长筋1	Φ	22	330 ⌐ 7982	$400-20+15d+6700+41d$	4	4	8.312	33.248	99.079
2跨·右支座筋1	Φ	22	2269	$4100/3+41d$	1	1	2.269	2.269	6.762
2跨·右支座筋2	Φ	22	264 ⌐ 2747	$4100/3+400+1000+264-20$	1	1	3.011	3.011	8.973
2跨·右支座筋3	Φ	22	2155 / 220 / 45 / 340	$4100/4+400+0.75\times1000+(400-20\times3)\times1.414+220$	2	2	2.876	5.752	17.141
3跨·下部钢筋1	Φ	20	1297	$15d+1000+16.83-20$	4	4	1.297	5.188	12.814
钢筋	Φ	6	260	$(300-2\times20)+2(75+1.9d)$	44	44	0.433	19.052	4.23
钢筋	Φ	10	560 / 260	$2\times[(300-2\times20)+(600-2\times20)]+2\times11.9d$	52	52	1.878	97.656	60.254
钢筋	Φ	10	560 / 115	$2\{[(300-2\times20-2d-22)/3l+22+2d]+(600-2\times20)\}+2\times11.9d$	52	52	1.587	82.524	50.917
3跨·箍筋1	Φ	10	460 / 260	$2\times[(300-2\times20)+(500-2\times20)]+2\times11.9d$	11	11	1.678	18.458	11.389
3跨·箍筋2	Φ	10	460 / 115	$2\{[(300-2\times20-2d-22)/3l+22+2d]+(500-2\times20)\}+2\times11.9d$	11	11	1.387	15.257	9.414
钢筋	Φ	25	260	$300-2\times20$	4	4	0.26	1.04	4.004

筋号	级别	直径(mm)	钢筋图形	计算公式	根数(根)	总根数(根)	单长(m)	总长(m)	总重(kg)
构件名称:KL-3[109]									
				构件数量:1					
钢筋		22	330 ⌐ 3860 ⌐ 330	400-20+15d+3100+400-20+15d <3,A+200><3,B-200>	6	6	4.52	27.12	80.818
1跨·箍筋1	Φ	10	360 260	2×[(300-2×20)+(400-2×20)]+2×11.9d	23	23	1.478	33.994	20.974
1跨·箍筋2	Φ	10	360 115	2{[(300-2×20-2d-22)/3l+22+2d]+(400-2×20)}+2×11.9d	23	23	1.187	27.301	16.845
				本构件钢筋重:118.637kg					
构件名称:KL-3[141]									
				构件数量:2					
钢筋	Φ	22	330 ⌐ 4060 ⌐ 330	600-20+15d+2900+600-20+15d 构件位置:<5,A><5,B>;<4,A><4,B>	6	12	4.72	56.64	168.787
1跨·箍筋1	Φ	10	360 260	2×[(300-2×20)+(400-2×20)]+2×11.9d	22	44	1.478	65.032	40.125
1跨·箍筋2	Φ	10	360 115	2{[(300-2×20-2d-22)/3l+22+2d]+(400-2×20)}+2×11.9d	22	44	1.187	52.228	32.225
				本构件钢筋重:120.568kg					
构件名称:LL-1[146]									
				构件数量:1					
1跨·上通长筋1		14	210 ⌐ 3760 ⌐ 210	300-20+15d+3200+300-20+15d 构件位置:<4+2250,A><4+2250,B>	2	2	4.18	8.36	10.116
1跨·下部钢筋1		20	3680	12d+3200+12d	2	2	3.68	7.36	18.179
				本构件钢筋重:50.626kg					

177

续表

筋号	级别	直径(mm)	钢筋图形	计算公式	根数(根)	总根数(根)	单长(m)	总长(m)	总重(kg)
1跨·箍筋1	Φ	10	260 210	$2\times[(250-2\times20)+(300-2\times20)]+2\times11.9d$	17	17	1.178	20.026	12.356
1跨·箍筋2	Φ	10	260 97	$2\{[(250-2\times20-2d-20)/3l+20+2d]+(300-2\times20)\}+2\times11.9d$	17	17	0.951	16.167	9.975
构件名称:LL-2[148] 构件数量:1 构件位置:<6,A>-<6,B>								本构件钢筋重:49.231kg	
1跨,上通长筋1	Φ	14	3760 210 210	$300-20+15d+3200+300-20+15d$	2	2	4.18	8.36	10.116
1跨,下部钢筋1	Φ	20	3760 210 210	$12d+3200+12d$	2	2	3.68	7.36	18.179
1跨·箍筋1	Φ	10	260 160	$2\times[(200-2\times20)+(300-2\times20)]+2\times(11.9d)$	17	17	1.078	18.326	11.307
1跨·箍筋2	Φ	10	260 80	$2\{[(200-2\times20-2d-20)/3l+20+2d]+(300-2\times20)\}+2\times11.9d$	17	17	0.918	15.606	9.629
构件名称:LB1[176] 构件数量:1 构件位置:<3,B-1737>-<4,B-1737>;<4-715,B>-<4-715,A>								本构件钢筋重:77.106kg	
XC10@150.1	Φ	10	2750	$2450+\max(300/2.5d)+\max(300/2.5d)$	22	22	2.75	60.5	37.329
XC10@150.2	Φ	10	2585	$2450-15+\max(300/2.5d)$	1	1	2.585	2.585	1.595
YC10@150.1	Φ	10	3650	$3350+\max(300/2.5d)+\max(300/2.5d)$	16	16	3.65	58.4	36.033
YC10@150.2	Φ	10	3485	$3350+\max(300/2.5d)-15$	1	1	3.485	3.485	2.15

178

筋号	级别	直径(mm)	钢筋图形	计算公式	根数(根)	总根数(根)	单长(m)	总长(m)	总重(kg)
构件名称:LB2[178]				本构件钢筋重:63.458kg					
构件位置:<4,A+1452><4+1452><4+2250,A+1452>;<4+2250,B><4+1285,A>									
XC10@150.1	Φ	10	2250	1975+max(300/2,5d)+max(250/2,5d)	23	23	2.25	51.75	31.93
YC10@150.1	Φ	10	3650	3350+max(300/2,5d)+max(300/2,5d)	14	14	3.65	51.1	31.529
构件名称:LB2[179]				本构件钢筋重:67.839kg					
构件位置:<4+2250,A+1181><5,A+1181>;<5-1303,B><5-1303,A>									
XC10@150.1	Φ	10	2400	2125+max(250/2,5d)+max(300/2,5d)	23	23	2.4	55.2	34.058
YC10@150.1	Φ	10	3650	3350+max(300/2,5d)+max(300/2,5d)	15	15	3.65	54.75	33.781
构件名称:LB1[177]				本构件钢筋重:15.84kg					
构件位置:<5,B-1633><6,B-1633>;<5+491,B><5+491,A>									
XC8@150.1	Φ	8	950	700+max(300/2,5d)+max(200/2,5d)	23	23	0.95	21.85	8.631
YC8@150.1	Φ	8	3650	3350+max(300/2,5d)+max(300/2,5d)	5	5	3.65	18.25	7.209
构件名称:Φ6@150				本构件钢筋重:46.076kg					
构件位置:<3+800,B-1261><3,B-1261>;<3+985,A+800><3+985,A>;<4+983,A+800><4+983,A>;<5-1702,A+800><5-1702,A>; <3+878,B-800><3+878,B>;<4+673,B-800><4+673,B>;<5-1318,B-800><5-1318,B>;<5-1050,B-1362> <6-100,B-1362><5-1362,B-1362>									
C6@150[189].1	Φ	6	2350	2050+150+150	2	2	2.35	4.7	1.043

筋号	级别	直径(mm)	钢筋图形	计算公式	根数(根)	总根数(根)	单长(m)	总长(m)	总重(kg)
C6@150[189].2	Φ	6	2525	2500−125+150	1	1	2.525	2.525	0.561
钢筋	Φ	6	860 ⌐80	650+80+35d	53	53	0.94	49.82	11.06
钢筋	Φ	6	1450	1150+150+150	5	5	1.45	7.25	1.61
C6@150[190].2	Φ	6	1625	1600−125+150	1	1	1.625	1.625	0.361
钢筋	Φ	6	860 ⌐90	650+90+35d	58	58	0.95	55.1	12.232
钢筋	Φ	6	950	650+150+150	6	6	0.95	5.7	1.265
钢筋	Φ	6	700	400+150+150	6	6	0.7	4.2	0.932
C6@150[198].1	Φ	6	2230 ⌐90	1000+1050+200−20+15d+90	23	23	2.41	55.43	12.305
C6@150[198].1	Φ	6	3150	3350−100−100	3	3	3.15	9.45	2.098
C6@150[198].2	Φ	6	2350	2050+150+150	5	5	2.35	11.75	2.609

构件名称:Φ10@150　　构件数量:1　　本构件钢筋重:56.638kg

构件位置:<4−800,B−1492><4+800,B−1492>;<4+1450,B−1502><5−1450,B−1502>

筋号	级别	直径(mm)	钢筋图形	计算公式	根数(根)	总根数(根)	单长(m)	总长(m)	总重(kg)
C10@150[196].1	Φ	10	1600 ⌐80 ⌐90	800+800+80+90	23	23	1.77	40.71	25.118
C10@150[197].1	Φ	10	1600 ⌐90 ⌐90	800+800+90+90	23	23	1.78	40.94	25.26
钢筋	Φ	6	2350	2050+150+150	12	12	2.35	28.2	6.26

表 9-3

钢筋明细表（表 2 层）

楼层名称：第 2 层（绘图输入）　　　　钢筋总重：2042.374kg

构件名称：KZ-1[126]　　构件位置：<3,B-150>;<4,B-150>;<5,B-150>　　构件数量：3　　本构件钢筋重：113.175kg

筋号	级别	直径(mm)	钢筋图形	计算公式	根数(根)	总根数(根)	单长(m)	总长(m)	总重(kg)
全部纵筋 1	Φ	22	264 ⌐ 1605	$3000-1370-400+400-25+12d$	4	12	1.869	22.428	66.835
全部纵筋 2	Φ	22	264 ⌐ 2375	$3000-600-400+400-25+12d$	4	12	2.639	31.668	94.371
箍筋 1	Φ	10	550 □ 550	$2\times[(600-2\times25)+(600-2\times25)]+2\times11.9d$	24	72	2.438	175.536	108.306
箍筋 2	Φ	10	550	$(600-2\times25)+2\times11.9d$	48	144	0.788	113.472	70.012

构件名称：DZ1[56]　　构件位置：<1,A>　　构件数量：1　　本构件钢筋重：178.288kg

筋号	级别	直径(mm)	钢筋图形	计算公式	根数(根)	总根数(根)	单长(m)	总长(m)	总重(kg)
全部纵筋 1	Φ	22	927 ⌐ 1705	$3000-1270+41d$	5	5	2.632	13.16	39.217
全部纵筋 2	Φ	22	927 ⌐ 2475	$3000-500+41d$	5	5	3.402	17.01	50.69
箍筋 1	Φ	10	350 □ 550	$2\times(300+300-2\times25+400-2\times25)+2\times11.9d$	23	23	2.038	46.874	28.921
拉筋 1	Φ	10	350	$400-2\times25+2\times11.9d$	46	46	0.588	27.048	16.689
箍筋 2	Φ	10	250 □ 650	$2\times(400+300-2\times25+300-2\times25)+2\times11.9d$	23	23	2.038	46.874	28.921
拉筋 2	Φ	10	250	$300-2\times25+2\times11.9d$	46	46	0.488	22.448	13.85

181

续表

构件名称: YJZ1[57]
构件位置: <1,B>　构件数量:1　本构件钢筋重:164.425kg

筋号	级别	直径(mm)	钢筋图形	计算公式	根数(根)	总根数(根)	单长(m)	总长(m)	总重(kg)
全部纵筋1	Φ	20	845 / 1775	3000−1200+41d	6	6	2.62	15.72	38.828
全部纵筋2	Φ	20	845 / 2475	3000−500+41d	6	6	3.32	19.92	49.202
钢筋	Φ	10	250 / 550	2×(300+300−2×25+300−2×25)+2×11.9d	44	44	1.838	80.872	49.898
钢筋	Φ	10	250	300−2×25+2×11.9d	88	88	0.488	42.944	26.496

构件名称: YAZ-1[58]
构件位置: <1+2150,B>;<2−2150,B>　构件数量:2　本构件钢筋重:105.831kg

筋号	级别	直径(mm)	钢筋图形	计算公式	根数(根)	总根数(根)	单长(m)	总长(m)	总重(kg)
角筋1	Φ	20	845 / 1775	3000−1200+41d	3	6	2.62	15.72	38.828
角筋2	Φ	20	845 / 2475	3000−500+41d	3	6	3.32	19.92	49.202
箍筋1	Φ	10	250 / 550	2×[[(600−2×25)+(300−2×25)]+2×11.9d	22	44	1.838	80.872	49.898
箍筋2	Φ	10	250 / 210	2{[(600−2×25−2d−20)/3l+20+2d]+(300−2×25)}+2×11.9d	22	44	1.158	50.952	31.437
箍筋3	Φ	10	550 / 110	2{[(300−2×25−2d−20)/3l+20+2d]+(600−2×25)}+2×11.9d	22	44	1.558	68.552	42.297

182

构件名称：YYZ1[60]　　构件数量：1　　构件位置：<2,B>　　本构件钢筋重：166.301kg

筋号	级别	直径(mm)	钢筋图形	计算公式	根数(根)	总根数(根)	单长(m)	总长(m)	总重(kg)
全部纵筋 1	Φ	22	927　1705	$3000-1270+41d$	5	5	2.632	13.16	39.217
全部纵筋 2	Φ	22	927　2475	$3000-500+41d$	5	5	3.402	17.01	50.69
钢筋	Φ	10	250　550	$2\times(300+300-2\times25+300-2\times25)+2\times11.9d$	44	44	1.838	80.872	49.898
钢筋	Φ	10	250	$300-2\times25+2\times11.9d$	88	88	0.488	42.944	26.496

构件名称：JLQ-1[90]　　构件数量：1　　构件位置：<1,B-450><1,A+500>　　本构件钢筋重：233.293kg

筋号	级别	直径(mm)	钢筋图形	计算公式	根数(根)	总根数(根)	单长(m)	总长(m)	总重(kg)
墙身水平钢筋 1	Φ	12	120　3820　120	$3850-15+10d-15+10d$	42	42	4.06	170.52	151.422
墙身垂直钢筋 1	Φ	14	140　2985	$3000-15+10d$	13	13	3.125	40.625	49.156
墙身垂直钢筋 2	Φ	14	140　1796	$3000-500-1.2\times41d-15+10d$	13	13	1.936	25.168	30.453
墙身拉筋 1	Φ	6	270	$(300-2\times15)+2\times(75+1.9d)$	23	23	0.443	10.189	2.262

续表

筋号	级别	直径(mm)	钢筋图形	计算公式	根数(根)	总根数(根)	单长(m)	总长(m)	总重(kg)
构件名称:JILQ-1[91]				构件数量:1		本构件钢重:148.947kg			
				构件位置:<1+450,B><1+1850,B>					
墙身水平钢筋1	Φ	12	120 ⌐2570⌐ 20	$2600-15+10d-15+10d$	42	42	2.81	118.02	104.802
墙身垂直钢筋1	Φ	14	140 ⌐2985	$3000-15+10d$	7	7	3.125	21.875	26.469
墙身垂直钢筋2	Φ	14	140 ⌐1796	$3000-500-1.2×41d-15+10d$	7	7	1.936	13.552	16.398
墙身拉筋1	Φ	6	270	$(300-2×15)+2×(75+1.9d)$	13	13	0.443	5.759	1.278
构件名称:JILQ-1[92]				构件数量:1		本构件钢重:160.763kg			
				构件位置:<2-1850,B><2-300,B>					
墙身水平钢筋1	Φ	12	120 ⌐2720⌐ 120	$2750-15+10d-15+10d$	42	42	2.96	124.32	110.396
墙身垂直钢筋1	Φ	14	140 ⌐2985	$3000-15+10d$	8	8	3.125	25	30.25
墙身垂直钢筋2	Φ	14	140 ⌐1796	$3000-500-1.2×41d-15+10d$	8	8	1.936	15.488	18.74
墙身拉筋1	Φ	6	270	$(300-2×15)+2×(75+1.9d)$	14	14	0.443	6.202	1.377

构件名称:LL-1[249]

筋号	级别	直径(mm)	钢筋图形	计算公式	根数(根)	总根数(根)	单长(m)	总长(m)	总重(kg)
				构件位置:<1+2450,B><2-2450,B>		构件数量:1			本构件钢筋重:84.341kg
钢筋	Φ	20	300 ⌐2750⌐ 300	$1600+600-25+15d+600-25+15d$	8	8	3.35	26.8	66.196
连梁箍筋1	Φ	10	550 |250|	$2\times[(300-2\times25)+(600-2\times25)]+2\times11.9d$	16	16	1.838	29.408	18.145

构件名称:WKL-1[152]

筋号	级别	直径(mm)	钢筋图形	计算公式	根数(根)	总根数(根)	单长(m)	总长(m)	总重(kg)
				构件位置:<2+300,B><5-300,B>		构件数量:1			本构件钢筋重:354.828kg
1跨,上通长筋1	Φ	22	375⌐ 10650 ⌐375	$600-25+375+9500+600-25+375$	2	2	11.4	22.8	67.944
1跨,左支座筋1	Φ	22	375⌐ 1375	$600-25+375+2400/3$	2	2	1.75	3.5	10.43
1跨,右支座筋1	Φ	22	5300	$2400/3+600+2000+600+3900/3$	2	2	5.3	10.6	31.588
1跨,下通长筋1	Φ	25	375⌐ 10650 ⌐375	$600-25+15d+9500+600-25+15d$	4	4	11.4	45.6	175.56
3跨,右支座筋1	Φ	22	375⌐ 1875	$3900/3+600-25+375$	2	2	2.25	4.5	13.41
钢筋	Φ	10	350 |250|	$2\times[(300-2\times25)+(400-2\times25)]+2\times11.9d$	63	63	1.438	90.594	55.896

9.3 疑难解析及应用技巧

9.3.1 马凳筋

1. 一型（图 9-39）

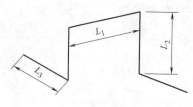

图 9-39 一型马凳筋

长度：$L = L_1 + 2L_2 + 2L_3$

根数：若输入的钢筋信息为：数量＋级别＋直径时，直接取所输入的数量即可；若输入的钢筋信息为：级别＋直径＋间距×间距时，当该最小板块布置了温度筋和负筋或布置了面筋时，则马凳筋的数量按以下方式进行计算（图 9-40）：

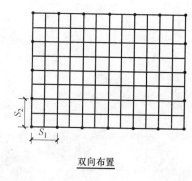

双向布置

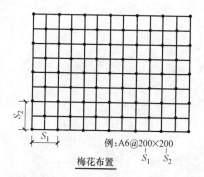

例：A6@200×200

梅花布置

图 9-40 马凳筋布置

双向布置计算方法：$N = \text{ceil}(\text{板净面积}/\text{马凳筋面积}) + 1$，马凳筋面积 $= S_1 \cdot S_2$

梅花布置计算方法：$N = 2 \times [\text{ceil}(\text{板净面积}/\text{马凳筋面积}) + 1]$

当该最小板块仅布置了负筋时，则马凳筋的数量按以下方式进行计算：

使用负筋的布置范围（扣除范围两端与别的负筋相交的范围）除以马凳筋的间距（取最前面的间距）再乘以该负筋中马凳筋的排数信息即可得出马凳筋的总数。

2. 二型（图 9-41）

长度：单根马凳长度：$L = L_1 + 2L_2 + 2L_3$

马凳筋起步距离：该型马凳筋在计算每排数量时，不考虑起步距离，从支座边开始布置，按向上取整＋1 计算；但在计算排数时，第一排及最后一排距支座边的距离为 $s/2$，按向上取整＋1 计算。

3. 三型（图 9-42）

长度：单根马凳长度：$L = L_1 + 2L_2 + 4L_3$

马凳筋起步距离：该型马凳筋在计算每排数量时，不考虑起步距离，从支座边开始布置，按向上取整＋1 计算；但在计算排数时，第一排及最后一排距支座边的距离为 $s/2$，按向上取整＋1 计算。

根数：若输入的钢筋信息格式为：数量＋级别＋直径时，直接取所输入的数量即可；若输入的钢筋信息格式为：级别＋直径＋排距时，当该最小板块布置了温度筋和负筋或布

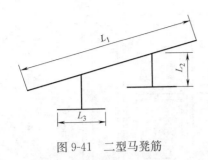

图 9-41 二型马凳筋

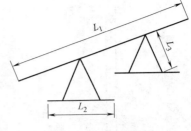

图 9-42 三型马凳筋

置了面筋时，则马凳筋的数量按以下方式进行计算：

先根据排距（马凳筋信息中输入的排距）计算出总共需要的马凳筋排数，然后根据马凳筋的横筋长度和该排马凳筋所在位置的净长算出每排马凳筋的数量，最后将每排马凳筋的数量累加，即得出总的马凳筋数量。

当该最小板块仅布置了负筋时，则马凳筋的数量按以下方式进行计算：

使用负筋的布置范围（扣除范围两端与别的负筋相交的范围）除以马凳筋的横筋长度得出每排马凳筋的数量，然后再乘以该负筋中马凳筋的排数信息即可得出马凳筋的总数。

9.3.2 拉筋

拉筋：

长度：$L=h-2bhc2Lw+2d$

根数：（1）需要扣除柱、墙、梁、板洞所占位置；

（2）当输入钢筋信息为数量＋级别＋直径时，则直接取所输入的数量即可；

（3）拉筋根据节点设置中所设置的拉筋布置方式进行计算，拉筋布置形式如下（图9-43）：

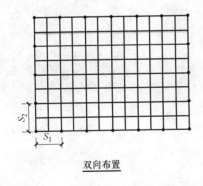

双向布置

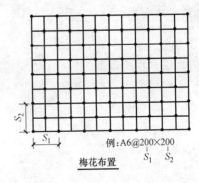

例:A6@200×200

梅花布置

图 9-43 拉筋布置

拉筋双向布置计算方法：$N=\mathrm{ceil}(板净面积/拉筋面积)+1$，拉筋面积$=S_1 \cdot S_2$

拉筋梅花布置计算方法：$N=2[\mathrm{ceil}(板净面积/拉筋面积)+1]$

9.3.3 洞口加筋

图 9-44。

（1）板短跨向加筋：

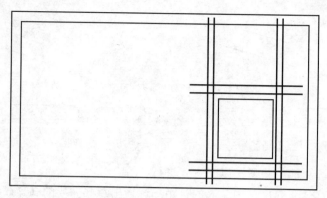

图 9-44 洞口加强筋

长度：根据加筋是底部还是顶部，按照底筋和面筋的计算方法进行计算；

根数：直接取输入的钢筋根数。

（2）板长跨向加筋：

长度：洞口宽度$+2l_{aE}$；

根数：直接取输入的钢筋根数。

当板洞与板边相切时，则板长跨向加筋伸入支座内按底部或顶部筋计算。

（3）斜加筋：

长度：$2l_{aE}$；

根数：直接取输入的钢筋根数。

（4）圆形板洞的圆形加强筋：

长度：$3.14 \times$（洞口直径$+2 \times$保护层）$+2 \times$lie；

根数：直接取输入的钢筋根数。

9.3.4 钢筋算量常见问题汇总

1. 何谓架立筋？

答：架立筋是指梁内起架立作用的钢筋，从字面上理解即可。架立筋的主要功能是当梁上部纵筋的根数少于箍筋上部的转角数目时使箍筋的角部有支撑。所以架立筋就是将箍筋架立起来的纵向构造钢筋。

现行《混凝土结构设计规范》GB 50010—2002 规定：梁内架立钢筋的直径，当梁的跨度小于 4m 时，不宜小于 8mm；当梁的跨度为 4～6m 时，不宜小于 10mm；当梁的跨度大于 6m 时，不宜小于 12mm。

平法制图规则规定：架立筋注写在括号内，以示与受力筋的区别。

2. 平法图集的最后一页"标准构造详图变更表"何用？

最后一页只是举了一个例子，并无规范作用，这是给设计院用的。平法的宗旨是不限制注册结构师行使自己的权利，所以，对 G101 中不适合具体工程的规定与构造，结构师都可以进行变更。需要明确的是经变更后的内容，其知识产权归变更者，因此变更者应当负起全部责任（包括其风险）。

3. 何谓通长筋？

答：通长筋源于抗震构造要求，这里"通长"的含义是保证梁各个部位的这部分钢筋都能发挥其受拉承载力，以抵抗框架梁在地震作用过程中反弯点位置发生变化的可能。现行《混凝土结构设计规范》GB 50010—2002规定：沿梁全长顶面和底面至少应各配置两根通长的纵向钢筋，对一、二级抗震等级，钢筋直径不应小于14mm，且分别不应少于梁两端顶面和底面纵向受力钢筋中较大截面面积的1/4；对三、四级抗震等级，钢筋直径不应小于12mm。当抗震框架梁采用双肢箍时，跨中肯定只有通长筋而无架立筋；只有采用多于两肢箍时，才可能有架立筋。通长筋需要按受拉搭接长度接长，而架立筋仅交错150mm，是"构造交错"，不起连接作用。通长筋是"抗震"设防需要，架立筋是"一般"构造需要。

4. 如何正确理解《钢筋机械连接通用技术规程》JGJ 107—2003第4.0.3条所说"Ⅰ级接头可不受限制"的规定？

答：《钢筋机械连接通用技术规程》JGJ 107—2003中将接头分为Ⅰ、Ⅱ、Ⅲ级，并对接头的应用作了规定：接头宜设置在结构构件受拉钢筋应力较小部位，当需要在高应力部位设置接头时，对Ⅰ、Ⅱ、Ⅲ级接头，接头面积百分率分别为不受限制、不大于50%、不大于25%。所谓"不受限制"，是有条件的（应力较小部位），应慎重对待。从传力的性能来看，任何受力钢筋的连接接头都是对传力性能的削弱，因此并不存在"可以不受限制"的问题。钢筋连接的其他要求，如同一受力钢筋不宜设置两个或两个以上接头、连接区段的构造要求，避开在抗震设防要求的框架梁梁端、柱端等，仍应符合标准的相关规定。而当设计选用了平法图集时，对于抗震框架柱的非连接区不允许进行连接的规定更应严格执行。

5. 凡是"没有明令禁止"的连接区域，钢筋是否就可以连接呢？

答：事实上，除高抗震设防烈度的重要构件外，没有明令"完全"禁止的非连接部位。只要保证连接质量和控制连接百分率，在任何位置都可以连接。需要注意的是"尽可能避开"这个要求的含义，如尽可能避开节点区、箍筋加密区、应力（弯矩）较大区等。

6. 剪力墙开洞以后，除了补强钢筋以外，其纵向和横向钢筋在洞口切断端如何做法？

答：钢筋打拐扣过加强筋，直钩长度不小于15d且与对边直钩交错不小于5d绑在一起；当因墙的厚度较小或墙水平钢筋直径较大，使水平设置的15d直钩长出墙面时，可伸至保护层位置为止。

7. 剪力墙的水平分布筋在外面？还是竖向分布筋在外面？地下室呢？

答：在结构设计受力分析计算时，不考虑构造钢筋和分布钢筋受力，但在钢筋混凝土结构中不存在绝对不受力的钢筋，构造钢筋和分布钢筋有其自身的重要功能，在节点内通常有满足构造锚固长度、端部是否弯钩等要求；在杆件内通常有满足构造搭接长度、布置起点、端部是否弯钩等要求。分布钢筋通常为与板中受力钢筋绑扎、直径较小、不考虑其受力的钢筋。应当说明的是，习惯上所说的剪力墙，就是《建筑抗震设计规范》GB 50011—2001里的抗震墙，称其钢筋为"水平分布"筋和"竖向分布"筋是历史沿袭下来的习惯，其实剪力墙的水平分布筋和竖向分布筋均为受力钢筋，其连接、锚固等构造要求均有明确的规定，应予以严格执行。剪力墙主要承担平行于墙面的水平荷载和竖向荷载作用，对平面外的作用抗力有限。由此分析，剪力墙的水平分布筋在竖向分布筋的外侧和内面都是可以的。因此，"比较方便的钢筋施工位置"（由外到内）是：第一层，剪力墙水平钢筋；第二层，剪力墙的竖向钢筋和暗梁的箍筋（同层）；第三层，暗梁的水平钢筋。剪力墙的竖筋直钩位置在屋面板的上部。地下室外墙竖向钢筋通常放在外侧，但内墙不必。

8. 为什么钢筋端头及弯折点 10d 内不能焊接？

答：不焊接肯定比焊接要好，《混混凝土结构工程施工质量验收规范》GB 50204—2002 第 5.4.3 条有"不应焊接"的规定。《混凝土结构工程施工质量验收规范》GB 50204—2002 第 5.4.3 条规定钢筋的接头宜设置在受力较小处。同一纵向受力钢筋不宜设置两个或两个以上接头。接头末端至钢筋弯起点的距离不应小于钢筋直径的 10 倍。

9. 何谓概念设计？

答：概念设计是运用人的思维和判断力，从宏观上决定结构设计中的基本问题。概念设计包括的范围很广，要考虑的因素很多，不仅仅要分析总体布置上的大原则，也要顾及关键部位的细节。陈青来教授在回答这一问题时曾这样解释：概念设计说白了，就是一种比较高级的"拍脑袋瓜"，说不清楚，却很管用。否则结构就太沉重了！没有几十年经验和对结构本质的深刻理解，是"拍"不得的。

10. 如何控制钢筋绑扎、点焊的缺扣、漏焊？

答：对钢筋绑扎、点焊的缺扣、漏焊、虚焊的限制标准，新的国家标准《混凝土结构工程施工质量验收规范》GB 50204—2002 对此未作出明确要求，但原国家标准《钢筋混凝土工程施工及验收规范》GBJ 204—1983 第 5.3.1 条具有很好的参考性，这些要求可以在施工组织设计中作出明确或在企业标准里作出规定，有利于施工，也有利于验收。①钢筋的交叉点应采用钢丝扎牢。②板和墙的钢丝网，除靠近外围两行钢筋的交叉点全部扎牢外，中间部分的交叉点可相隔交错扎牢，但必须保证受力钢筋不位移。双向受力的钢筋，须全部扎牢。③梁和柱的箍筋，除设计有特殊要求时，应与受力钢筋垂直设置。箍筋弯钩叠合处，应沿受力方向错开设置。④柱中的竖向钢筋搭接时，角部钢筋的弯钩应与模板成 45°（多边形柱为模板内角的平分角，圆形柱则应与模板切线垂直）；中间钢筋的弯钩应与模板成 90°。如采用插入式振捣器浇筑小型截面柱时，弯钩与模板的角度最小不得小于 15°。

11. 如何准确运用《混凝土结构工程施工质量验收规范》GB 50204—2002"当一次连续浇筑超过 1000m³ 时，同一配合比的混凝土每 200m³ 取样不得少于一次"的规定制作试块？

答：《混凝土结构工程施工质量验收规范》GB 50204—2002 第 7.4.1 条第 1 款、第 3 款规定："每拌制 100 盘且不超过 1000m³ 的同配合比的混凝土，取样不得少于一次；当一次连续浇筑超过 1000m³ 时，同一配合比的混凝土每 200m³ 取样不得少于一次。"对此不少工程理解为"超过 1000m³ 时总体上每 200m³ 取样一次"！如此操作，甚至发生这样的不正常现象，今天某幢号连续生产 900m³ 混凝土取样 9 次制作试块，明天某幢号连续生产 1050m³ 混凝土取样 6 次制作试块，这显然是对规范条文的不正确理解与运用。正确的理解应该是：不是超过 1000m³ 时总体上每 200m³ 取样一次，而是指对超过 1000m³ 的部分每 200m³ 取样一次。因此，对于连续生产 1050m³ 混凝土，取样应为 11 次，即在达到 1000m³ 前，每 100m³ 取样一次，共 10 次，超过 100m³ 的 50m³ 取样一次（不足 200m³ 时也按一次考虑）。

12. 在工程中经常遇到柱钢筋由于采取措施不得当导致柱筋偏位，在柱底部对钢筋进行校正，有没有更合适的处理方法？

答：柱钢筋偏位主要是纵筋搭接"别扭"引起，解决问题的根本办法是改革搭接形式。

13. 如何选择地下室墙体止水榫的做法？

答：应在施工组织设计中予以明确。《地下工程防水技术规范》GB 50108—2001 对地下施工缝的构造形式作了较大的改动。原规范推荐的凹缝、凸缝、阶梯缝，均已取消。原因是凹缝、凸缝、阶梯缝均有不同的问题，凹缝清理困难，这使施工缝的防水可靠性降低，凸缝和阶梯缝支模困难，不便施工，但目前实践中许多工程这几种形式仍在应用，施工组织设计审批过程中如遇此类情况应提醒其慎重选择。

14. 剪力墙水平筋要不要伸至暗柱柱边？（在水平方向暗柱长度远大于 l_{ae} 时）

答：要伸至柱对边，其构造 03G101—1 已表达清楚，其原理就是剪力墙暗柱与墙身本身是一个共同工作的整体，不是几个构件的连接组合，暗柱不是柱，它是剪力墙的竖向加强带；暗柱与墙等厚，其刚度与墙一致。不能套用梁与柱两种不同构件的连接概念。剪力墙遇暗柱是收边而不是锚固。端柱的情况略有不同，规范规定端柱截面尺寸需大于 2 倍的墙厚，刚度发生明显变化，可认为已经成为墙边缘部位的竖向刚边。如果端柱的尺寸不小于同层框架柱的尺寸，可以按锚固考虑。

15. 柱墙以基础为支座、梁以柱为支座、板以梁为支座，是这样的吗？

答：是的。搞清楚谁是谁的支座是一般的（初级）结构常识，如果深入探讨，从系统科学的整体观出发看问题，结构中的各个部分谁也不是谁的支座（正如肩臼并不是胳膊的支座的道理一样），大家为了一个共同的目标（功能）结合到一起。我们根据各部分构件的具体情况，分出谁是谁的支座，只是为了研究问题和规范做法更方便一些。相对于剪力墙（含墙柱、墙身、墙梁）而言，基础是其支座，但相对于连梁而言，其支座就是"墙柱和墙身"。

16. 剪力墙竖向分布钢筋和暗柱纵筋在基础内插筋有何不同？

答：要清楚剪力墙边缘构件（暗柱、端柱）的纵筋与墙身分布纵筋所担负的"任务"有重要差别。对于边缘构件纵筋的锚固要求非常高，一是要求插到基础底部，二是端头必须再加弯钩不小于 $12d$。对于墙身分布钢筋，请注意用词："可以"直锚一个锚长，其条件是根据剪力墙的抗震等级，低抗震等级时"可以"，但高抗震等级时就要严格限制。其中的道理并不复杂。剪力墙受地震作用来回摆动时，基本上以墙肢的中线为平衡线（拉压零点），平衡线两侧一侧受拉一侧受压且周期性变化，拉应力或压应力值越往外越大，至边缘达最大值。边缘构件受拉时所受拉应力大于墙身，只要保证边缘构件纵筋的可靠锚固，边缘构件就不会破坏；边缘构件未受破坏，墙身不可能先于边缘构件发生破坏。

17. 在非框架梁中，箍筋有加密与非加密之分吗？

答：通常所说的箍筋加密区是抗震设计的专用术语。非框架梁没有作为抗震构造要求的箍筋加密区，但均布荷载时可以设置两种不同的箍筋间距，支座端承受剪力大，要求的箍筋间距自然应较密一些。平法将创造性设计内容与重复性设计内容合理分开，设计者采用平法提供的数字化、符号化的设计规则完成创造性设计内容，而重复性设计内容则实行大规模标准化以标准设计的方式提供，两大部分为对应互补关系，缺一不可，合并构成完整的平法设计；对应互补的方式为设计时采用各种构件代号，以其作为连接信息的纽带，与标准设计中有相应代号的构造详图一一对应。所以，平法标准设计为"指令性的设计文件"，而不是"参考性的设计资料"。

18. 平法图集与其他标准图集有什么不同？

答：以往我们接触的大量标准图集，大都是"构件类"标准图集，例如：预制平板图集、薄腹梁图集、梯形屋架图集、大型屋面板图集，图集对每一个"图号"（即一个具体的构件），除了明示其工程做法以外，还都给出了明确的工程量（混凝土体积、各种钢筋的用量和预埋铁件的用量等）。然而，平法图集不是"构件类"标准图集，它不是讲某一类构件，它讲的是混凝土结构施工图平面整体表示方法，简称"平法"。"平法"的实质，是把结构设计师的创造性劳动与重复性劳动区分开来。一方面，把结构设计中的重复性部分，做成标准化的节点——"标准构造详图"；另一方面，把结构设计中的创造性部分，使用标准化的设计表示法——"平法制图规则"来进行设计，从而达到简化设计的目的。这就是"平法"技术出现的初衷。所以，看每一本"平法"图集，有一半的篇幅是讲"平法制图规则"，另一半的篇幅是讲"标准构造详图"。

19. 何谓约束边缘构件？

答：约束边缘构件适用于较高抗震等级剪力墙的较重要部位。其纵筋、箍筋配筋率和形状有较高的要求。设置约束边缘构件范围请参见《建筑抗震设计规范》GB 50011—2002 第 6.4.6 条和《高层建筑混凝土结构技术规程》JGJ 3—2002 第 7.2.16 条，主要措施是加大边缘构件的长度 l_c 及其体积配箍率 ρ_v。对于十字形剪力墙，可按两片墙分别在端部设置边缘约束构件，交叉部位只要按构造要求配置暗柱。至于设计图纸上如何区分约束边缘构件，只需看其构件代号即可，凡注明 YAZ、YDZ、YYZ、YJZ 即为约束边缘构件。

20. G101 第 54 页注第 5 条"一次机械连接或对焊连接或绑扎搭接接长"中"一次"是何意？

答：如果按规范规定设置的通长筋最小直径小于梁上部负弯矩筋，则支座上部纵向钢筋与通长筋直径将不同，因此需要在跨左跨右共"两个"连接位置进行"两次接长"。当具体的设计采用通长筋直径与梁上部负弯矩筋直径相同时，如仍需搭接，此时的搭接点应安排在跨中 1/3 范围"一次连接"。

21. 框架柱纵筋伸至基础底部直段要不小于 L_a，能否不"坐底"？

答：不同部位的安全度是不同的。柱根如果出问题，上边再结实也无用，所以，柱纵筋"坐底"加弯钩，可确保柱根的牢固。至于弯钩为 $10d$ 还是 $12d$，或者干脆 200mm，这不是主要问题，04G101—3 第 32 页右下角"柱墙插筋锚固直段长度与弯钩长度对照表"给出了统一规定，应予以执行。对柱纵筋的锚固，未发生地震时，即便直锚一个锚长也不会发生问题。但当地震发生时，许多构件会进入弹塑性状态，直锚一个锚长的柱纵筋就不一定能够确保稳固了。

答：伸上去的目的之一就是代替上部（端柱或暗柱）重叠部分的纵筋，"当两构件'重叠'时，钢筋不重复设置取大值"也是布筋的原则之一，这一原则同样适用于剪力墙的水平分布筋与连梁、暗梁的水平纵向钢筋、腰筋相遇时的设置。

22. 什么是框支梁？

答：图纸上注明构件代号为 KZL 的即为框支梁。框支梁一般为偏心受拉构件，并承受较大的剪力。框支梁纵向钢筋的连接应采用机械连接接头。习惯上，框支梁一般指部分框支剪力墙结构中支承上部不落地剪力墙的梁，是有了"框支—剪力墙结构"，才有了框支梁。《高层建筑混凝土结构技术规程》JGJ 3—2002 第 10.2.1 条所说的转换构件中，包括转换梁，转换梁具有更确切的含义，包含了上部托柱和托墙的梁，因此，传统意义上的框支梁仅是转换梁中的一种。托柱的梁一般受力也是比较大的，有时受力上成为空腹桁架的下弦，设计中应特别注意。因此，采用框支梁的某些构造要求是必要的。

23. 是不是梁柱整体现浇最佳呢？但梁与柱混凝土强度等级不一样，施工起来是很不方便的？施工缝该如何处理呢？

答：施工不方便可以改革"工法"。施工缝应留在梁顶。

24. 阳台栏板竖向钢筋应放在外侧还是里侧？

答：内侧，否则人一推，可能连人加栏板都翻出去。

25. 如果说，框架梁伸到剪力墙区域就成了边框梁（BKL）的话，那么，边框梁（BKL）的钢筋保护层是按框架梁的保护层来计算，还是按剪力墙的保护层来取定呢？

答：问题提得很好，观察问题比较细致。这个问题跟底层柱埋在土中部分与地面以上部分的保护层不一致有些类似。边框梁有两种，一种是纯剪力墙结构设置的边框梁，另一种是框剪结构中框架梁延入剪力墙中的边框梁。前者保护层按梁取还是按墙取均可（当然按梁取钢筋省一点），后者则宜按梁取，以保证钢筋笼的尺寸不变。柱埋在土中部分的截面 $b \times h$ 应适当加大，即所谓的"名义尺寸"与"实际尺寸"问题。这里面应当体现"局部服从整体"的原则，不是埋在土中的"局部"柱的截面服从地面以上的"整体"柱截面，而是服从整体的钢筋笼的截面。至今为止，尚未查阅到有任何一本著作谈及。我们拟在基础结构的有关技术文件中解决。由此可见，结构专业的诸多学识和某种学识的诸多方面仍旧存在大量的需要深入研究的课题，有些看似很小，但有实际应用价值。

26. 锚固长度怎么定义？

答：简单地说，把受拉钢筋安全地锚固在支座中所需要的钢筋长度。

27. 技术文件中经常有受拉区、受压区、受拉钢筋、受压钢筋等，施工时应如何判断？

答：混凝土结构中的受拉区、受压区主要是指混凝土构件截面产生拉应力、压应力的区域，通常，受压区主要是基础柱、墙、桁架上弦、受弯构件（梁、板）正弯矩区域（跨中）的上部和负弯矩区域（跨边）的下部；受拉区主要是指桁架下弦杆、轴拉构件和受弯构件（梁、板）正弯矩区域（跨中）的下部和负弯矩区域（跨边）的上部，当然，受压构件处于大偏心受压状态下也可能在局部区域存在拉应力，在水平荷载（地震作用和较大风力）作用下，情况更为复杂，应由结构的内力分析确定。混凝土结构中的受拉钢筋、受压钢筋是指承载受力后构件中承受拉力、压力的受力钢筋，由于钢筋与混凝土通过粘结锚固作用而共同受力，故受拉区和受拉钢筋，受压区和受压钢筋的位置基本一致。此外，剪力、扭矩也会分别引起拉应力或压应力，应根据内力分析确定。受力性质对配筋构造有重要影响，例如在受拉、受压时钢筋的锚固、搭接长度就有很大差别，但是对于施工单位而言，要区别受拉区、受压区的受拉钢筋、受压钢筋实际上是有困难的，通常，设计师不会把力学分析的内力结果提供给施工方面；施工人员基本没有条件进行整个结构体系的力学分析，当然可以通过一般的结构概念大致判断，但并不准确，可靠性不高，要有长期经验和比较深厚的功底才能把握。因此，如遇不明确处，则应询问有关的设计单位。抗震框架梁的受力钢筋均应按受拉考虑其搭接与锚固。

28. 何为 4 肢和 6 肢箍?

答: 对梁而言, 箍筋垂直方向的根数为 n 根, 则为 n 肢箍。

29. 剪力墙窗洞上口常留有几十厘米的砌体, 施工很是麻烦, 能不能在主体浇筑时放置过梁钢筋一次现浇到位?

答: 从方便施工角度来说, 外墙梁均应做到窗上口, 两层梁之间砌砖的做法不便施工, 下部窗过梁常因认为是非主体结构而把插筋忘掉。当设计没有这样做时, 不允许施工自作主张作出变更, 将梁高加厚, 并不是梁越高越好, 对于抗震结构来说, 梁高加厚可能造成"强梁弱柱", 结构薄弱点的转移在地震来临时可能导致严重的安全隐患。

30. 当梁纵筋为两排或以上时, 箍筋的弯钩是否应钩住第二排或以上的纵筋, 而实际工程都只钩住第一排, 这样做是否正确?

答: 能钩住第二排当然更好, 现行规范对此尚无明确规定; 只钩第一排时, 角度要更大一些, 否则弯钩会与第二排筋相顶。

31. 请问钢筋混凝土柱在下层柱混凝土浇筑多长时间后 (或者说混凝土的强度达到多少后), 对上层柱的主筋进行电渣压力焊比较合适, 混凝土规范好像没有对这种技术间歇作出具体明确的要求。但我认为应该要有一定的强度要求, 如果混凝土的强度不够, 在施工时, 很容易造成钢筋与混凝土脱离而导致没有"握裹力"而造成节点出现质量事故。

答: 过早地在混凝土结构上加载, 对混凝土结构的耐久性、徐变的影响不容忽视。一般认为即便采取可靠的稳定措施, 也要等到混凝土初凝或常温下至少 24h 之后。

32. 通常异形柱和梁都是同截面的, 那么怎么来保证梁的有效截面呢?《混凝土异形柱结构技术规程》JGJ 149—2006 第 6.3.3 条给出了节点, 为出柱边大于 800mm, 按 1/25 的斜率。参考平法中类似的情况, 可以按出柱边 1/6 的斜率来施工吗? 钢筋是不是按 1/6 的斜率来弯折的话, 就是代表钢筋的传力是连续的或者对钢筋质量没什么影响, 而超过了 1/6 的话就是传力不连续或者对钢筋质量有影响呢?

答:《混凝土异形柱结构技术规程》JGJ 149—2006 的规定比较稳妥。英国人按 1/12, 事实上 1/6 有些问题, 但已经形成我国的习惯, 应该逐步纠正过来。

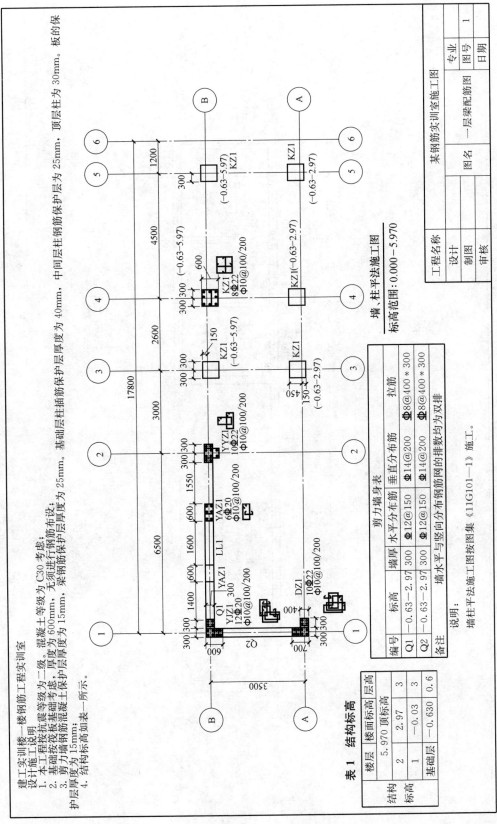

附图：某钢筋翻样实训室施工图

建工实训楼——楼钢筋工程实训室
设计施工说明
1. 本工程按抗震等级为二级，混凝土等级为 C30 考虑。
2. 基础按筏板基础考虑，无须进行钢筋布设；厚度为 600mm，无须进行钢筋布设；
3. 剪力墙厚度为 15mm。基础层柱插筋保护层厚度为 40mm，中间层柱钢筋保护层为 25mm，顶层柱为 30mm。板的保护层厚度为 15mm；梁钢筋保护层厚度为 25mm。
4. 结构标高如表一所示。

表 1 结构标高

楼层	楼面标高	顶标高	层高
结构标高	5.970	2.97	3
	2	-0.03	3
	1		
	基础层	-0.630	0.6

剪力墙身表

编号	标高	墙厚	水平分布筋	垂直分布筋	拉筋
Q1	-0.63~2.97	300	Φ12@150	Φ14@200	Φ8@400*300
Q2	-0.63~2.97	300	Φ12@150	Φ14@200	Φ8@400*300
备注	墙水平与竖向分布钢筋网的排数均为双排				

说明
墙柱平法施工图按图集《11G101-1》施工。

墙、柱平法施工图
标高范围：0.000~5.970

工程名称		某钢筋实训室施工图		
设计		图名	一层梁配筋图	
制图				
审核			专业	
			图号	1
			日期	

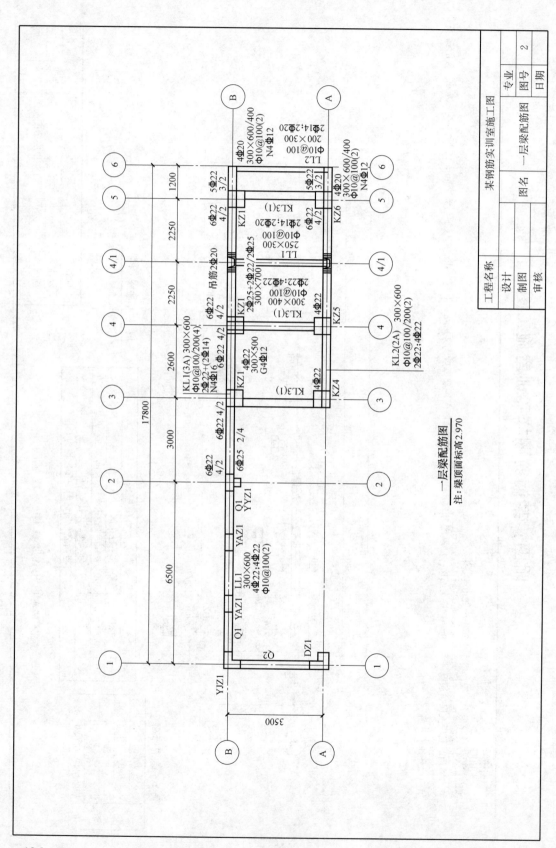

一层梁配筋图
注：梁顶面标高2.970

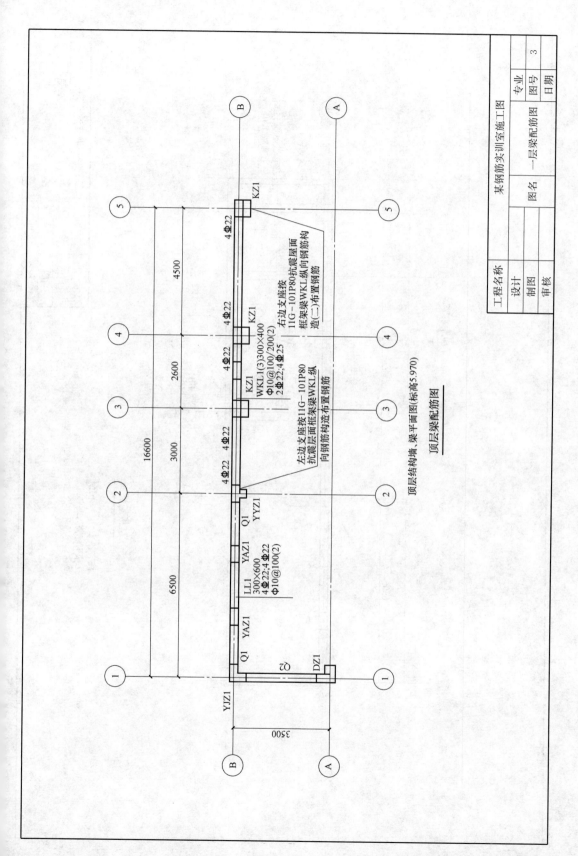

顶层结构墙、梁平面图(梁平面图)(标高5.970)

顶层梁配筋图

KZ1

4Φ22

4500

4Φ22   KZ1

2600

4Φ22

KZ1
WKL1(3)300×400
Φ10@100/200(2)
2Φ22,4Φ25

右边支座按
11G-101P80抗震屋面
框架梁WKL纵向钢筋构
造(二)布置钢筋

3000

4Φ22 4Φ22

左边支座按11G-101P80
抗震层面框架梁WKL纵
向钢筋构造布置钢筋

16600

Q1   YYZ1
YAZ1

LL1
300×600
4Φ22,4Φ22
Φ10@100(2)

6500

Q1   YAZ1

YIZ1

Q2   DZ1

3500

197

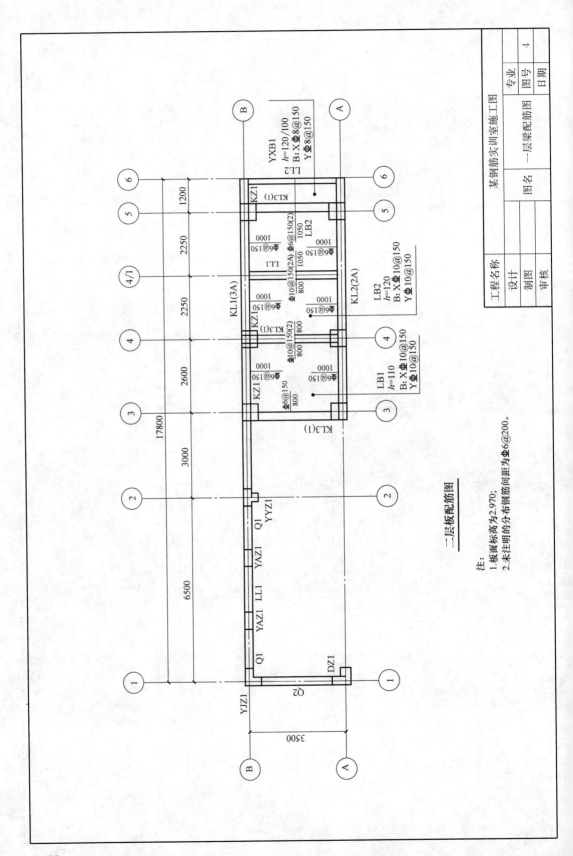

二层板配筋图

注:
1.板面标高为2.970;
2.未注明的分布钢筋间距为Φ6@200。

工程名称		某钢筋实训室施工图		专业	
设计		图名	一层梁配筋图	图号	4
制图				日期	
审核					

198

参 考 文 献

［1］ 陈达飞. 平法识图与钢筋计算 ［M］. 北京：中国建筑工业出版社，2012.

［2］ 北京广联达慧中软件计算有限公司. 建筑工程钢筋工程量的计算与软件应用 ［M］. 北京：中国建材工业出版社，2006.

［3］ 茅洪斌. 钢筋翻样方法及实例 ［M］. 北京：中国建筑工业出版社，2008.

［4］ 混凝土结构施工图平面整体表示方法：制图规则和构造详图（现浇混凝土框架、剪力墙、梁、板）（11G101—1）［M］. 北京：中国计划出版社，2011.

［5］ 混凝土结构施工图平面整体表示方法：制图规则和构造详图（现浇混凝土板式楼梯）（11G101—2）［M］. 北京：中国计划出版社，2011.

［6］ 混凝土结构施工图平面整体表示方法：制图规则和构造详图（独立基础、条形基础、筏形基础及桩基承台）（11G101—3）［M］. 北京：中国计划出版社，2011.

［7］ 混凝土结构钢筋排布规则与构造详图（现浇混凝土框架、剪力墙、梁、板）（12G901—1）［M］. 北京：中国计划出版社，2012.

［8］ 混凝土结构钢筋排布规则与构造详图（现浇混凝土板式楼梯）（12G901—1）［M］. 北京：中国计划出版社，2012.

［9］ 混凝土结构钢筋排布规则与构造详图（现浇混凝土板式楼梯）（12G901—2）［M］. 北京：中国计划出版社，2012.

［10］ 混凝土结构钢筋排布规则与构造详图（独立基础、条形基础、筏形基础及桩基承台）（12G901—3）［M］. 北京：中国计划出版社，2012.

［11］ 混凝土结构工程施工质量验收规范（2011 年版）GB 50204—2002 ［S］. 北京：中国建筑工业出版社，2011.

［12］ 混凝土结构设计规范（GB 50010—2010）［S］. 北京：中国建筑工业出版社，2011.